农田水利工程技术培训教材

水利部农村水利司
中国灌溉排水发展中心　组编

旱作物地面灌溉节水技术

主　编　蔡守华
副主编　姚宛艳

黄河水利出版社
·郑州·

内 容 提 要

本书为农田水利工程技术培训教材的一个分册。全书内容包括概述、农田土壤水分状况、旱作物需水量与灌溉制度、地面灌溉渠系及田间工程、畦灌技术、沟灌技术、波涌灌溉技术、覆膜保墒及覆膜灌溉技术、田间用水管理,附录介绍了 WinSRFR 在地面灌溉设计及运行管理中的应用、土壤水分及旱作物需水量测定等。

本书内容丰富,实用性强,主要供培训基层水利技术人员和从事旱作物地面灌溉设计与管理工作者使用,也可供相关专业院校师生及科研人员参考。

图书在版编目(CIP)数据

旱作物地面灌溉节水技术/蔡守华主编. —郑州:黄河水利出版社,2012.1
农田水利工程技术培训教材
ISBN 978 - 7 - 5509 - 0195 - 7

Ⅰ.①旱… Ⅱ.①蔡… Ⅲ.①旱地 - 地面灌溉 - 节约用水 - 技术培训 - 教材 Ⅳ.①S275.3

中国版本图书馆 CIP 数据核字(2012)第 003098 号

出 版 社:黄河水利出版社   网址:www.yrcp.com
　　　　　地址:河南省郑州市顺河路黄委会综合楼 14 层   邮政编码:450003
发行单位:黄河水利出版社
　　　　　发行部电话:0371 - 66026940、66020550、66028024、66022620(传真)
　　　　　E-mail:hhslcbs@126.com
承印单位:河南省瑞光印务股份有限公司
开本:787 mm×1 092 mm 1/16
印张:12.75
字数:295 千字   印数:1—5 000
版次:2012 年 5 月第 1 版   印次:2012 年 5 月第 1 次印刷

定价:35.00 元

农田水利工程技术培训教材
编辑委员会

加强农田水利技术培训
增强服务"三农"工作本领

——农田水利工程技术培训教材总序

我国人口多，解决 13 亿人的吃饭问题，始终是治国安邦的头等大事。受气候条件影响，我国农业生产以灌溉为主，但我国人多地少，水资源短缺，降水时空分布不均，水土资源不相匹配，约二分之一以上的耕地处于水资源紧缺的干旱、半干旱地区，约三分之一的耕地位于洪水威胁的大江大河中下游地区，极易受到干旱和洪涝灾害的威胁。加强农田水利建设，提高农田灌排能力和防灾减灾能力，是保障国家粮食安全的基本条件和重要基础。新中国成立以来，党和国家始终把农田水利摆在突出位置来抓，经过几十年的大规模建设，初步形成了蓄、引、提、灌、排等综合设施组成的农田水利工程体系，到 2010 年全国农田有效灌溉面积 9.05 亿亩，其中，节水灌溉工程面积达到 4.09 亿亩。我国能够以占世界 6% 的可更新水资源和 9% 的耕地，养活占世界 22% 的人口，农田水利做出了不可替代的巨大贡献。

随着工业化城镇化快速发展，我国人增、地减、水缺的矛盾日益突出，农业受制于水的状况将长期存在，特别是农田水利建设滞后，成为影响农业稳定发展和国家粮食安全的最大硬伤。全国还有一半以上的耕地是缺少基本灌排条件的"望天田"，40% 的大中型灌区、50% 的小型农田水利工程设施不配套、老化失修，大型灌排泵站设备完好率不足 60%，农田灌溉"最后一公里"问题突出。农业用水方式粗放，约三分之二的灌溉面积仍然沿用传统的大水漫灌方法，灌溉水利用率不高，缺水与浪费水并存。加之全球气候变化影响加剧，水旱灾害频发，国际粮食供求矛盾突显，保障国家粮食安全和主要农产品供求平衡的压力越来越大，加快扭转农业主要"靠天吃饭"局面任务越来越艰巨。

党中央、国务院高度重视水利工作，党的十七届三中、五中全会以及连续八个中央一号文件，对农田水利建设作出重要部署，提出明确要求。党的十七届三中全会明确指出，以农田水利为重点的农业基础设施是现代农业的重要物质条件。党的十七届五中全会强调，农村基础设施建设要以水利为重点。2011 年中央一号文件和中央水利工作会议，从党和国家事业发展全局出发，对加快水利改革发展作出全面部署，特别强调水利是现代农业建设不可或缺的首要条件，特别要求把农田水利作为农村基础设施建设的重点任务，特别制定从土地出让收益中提取 10% 用于农田水利建设的政策措施，农田水利发展迎来重大历史机遇。

随着中央政策的贯彻落实、资金投入的逐年加大，大规模农田水利建设对农村水利工作者特别是基层水利人员的业务素质和专业能力提出了新的更高要求，加强工程规划设计、建设管理等方面的技术培训显得尤为重要。为此，水利部农村水利司和中国灌溉排水发展中心组织相关高等院校、科研机构、勘测设计、工程管理和生产施工等单位的百余位专家学者，在1998年出版的《节水灌溉技术培训教材》的基础上，总结十多年来农田水利建设和管理的经验，补充节水灌溉工程技术的新成果、新理论、新工艺、新设备，编写了农田水利工程技术培训教材，包括《节水灌溉规划》、《渠道衬砌与防渗工程技术》、《喷灌工程技术》、《微灌工程技术》、《低压管道输水灌溉工程技术》、《雨水集蓄利用工程技术》、《小型农田水利工程设计图集》、《旱作物地面灌溉节水技术》、《水稻节水灌溉技术》和《灌区水量调配与量测技术》共10个分册。

这套系列教材突出了系统性、实用性、规范性，从内容与形式上都进行了较大调整、充实与完善，适应我国今后节水灌溉事业迅速发展形势，可满足农田水利工程技术培训的基本需要，也可供从事农田水利工程规划设计、施工和管理工作的相关人员参考。相信这套教材的出版，对加强基层水利人员培训，提高基层水利队伍专业水平，推进农田水利事业健康发展，必将发挥重要的作用。

是为序。

2011 年 8 月

《旱作物地面灌溉节水技术》
编写人员

主　　编：蔡守华（扬州大学）

副 主 编：姚宛艳（中国灌溉排水发展中心）

编写人员：（按姓氏笔画排序）

　　　　　孔　东（中国灌溉排水发展中心）

　　　　　王春堂（山东农业大学）

　　　　　白美健（国家节水灌溉北京工程技术研究中心）

　　　　　迟道才（沈阳农业大学）

　　　　　徐　英（扬州大学）

　　　　　黄　鑫（华北水利水电学院）

　　　　　鲍子云（宁夏水利科学研究所）

主　　审：李益农（中国水利水电科学研究院）

副 主 审：费良军（西安理工大学）

前　言

　　地面灌溉是一种古老的灌溉技术，至今已有 4 000 多年的应用历史。尽管近几十年喷灌、微灌等先进灌溉技术得到了蓬勃发展，地面灌溉仍然是目前世界上应用最广泛的一种灌溉方法。据统计，全世界地面灌溉面积占总灌溉面积的 90% 以上，在美国有50% 以上的灌溉土地采用地面灌溉，我国地面灌溉面积达 95% 以上。地面灌溉具有田间工程设施简单、能源消耗低、实施管理简便等优点。在许多地区，对于大多数大田作物，地面灌溉仍然是一种最适宜的灌溉方法。随着能源日趋紧缺，低耗能的地面灌溉显示出特有的优越性。经济不太发达的国家由于受到资金和设备条件的限制，在短期内难以大力发展有压管道灌溉系统。因此，地面灌溉是一种既古老又具有较强生命力的灌溉技术。可以预见，在今后较长的一段时间内，地面灌溉仍然保持其主导地位。

　　当然，传统的地面灌溉技术也存在着灌水均匀度差、用水量大、深层渗漏严重等缺点，浪费水的现象十分严重，不利于节约用水，需要进行不断的改进和完善。随着现代科技的发展，土地的集约化规模经营、大型农业机具的使用、激光控制平地技术的应用，传统地面灌溉技术正在发生的巨大改变，使地面灌溉在灌水均匀度和灌水效率等方面都有很大提高。国外研究表明，设计和管理良好的地面灌溉系统可获得接近于有压灌溉系统的灌水效率。

　　我国是一个农业大国，灌溉用水量占总用水量的 70% 左右。要提高我国灌溉水利用效率，除了通过渠道防渗等措施减少输配水损失，一个重要的节水途径就是通过改进地面灌溉，提高田间水利用系数。另外，改进地面灌溉技术，还有助于减少农业非点源污染，改善农村水环境。因此，推广改进的地面灌溉技术对于缓解我国水资源短缺矛盾以及改善农村水环境均具有十分重要的现实意义。

　　本书在 1998 年出版的《旱作物地面灌溉节水技术》基础上，吸收了近十多年来地面灌溉技术方面的新技术，进一步优化了章节体系，并在内容上作了大量的补充和更新。全书共分九章，内容包括概述、农田土壤水分状况、旱作物需水量与灌溉制度、地面灌溉渠系及田间工程、畦灌技术、沟灌技术、波涌灌溉技术、覆膜保墒及覆膜灌溉技术、田间用水管理等，附录介绍了 WinSRFR 在地面灌溉设计及运行管理中的应用、土壤水分及旱作物需水量测定。

　　本书各章编写分工如下：第一章由蔡守华编写，第二章由徐英、蔡守华编写，第三章由迟道才、蔡守华、黄鑫编写，第四章由蔡守华、徐英编写，第五章由蔡守华编写，第六章由姚宛艳、蔡守华编写，第七章由蔡守华、王春堂编写，第八章由鲍子云、姚宛艳编写，第九章由孔东、徐英、蔡守华编写，附录 A 由白美健编写，附录 B 由蔡守华编写。本书由蔡守华任主编，姚宛艳任副主编。

　　本书由李益农任主审，费良军任副主审，他们对本书提出了许多宝贵意见。在编写过程中还得到了李英能、王文元、王留运、汪志农、郭宗信等许多专家和领导的指导及帮助，在此一并表示衷心的感谢。本书编写过程中参考和引用了许多国内外文献，在此也对这些文献的作者表示衷心的感谢。

由于编者水平所限，书中难免有不妥和错误之处，恳请读者批评指正。

编　者
2011 年 8 月

目　录

第一章　概　述

第一节　地面灌溉的概念与类型

一、地面灌溉的概念

地面灌溉是指灌溉水在田面流动的过程中，形成浅薄水层或细小水流，借重力作用和毛细管作用入渗湿润土壤的灌溉方法。地面灌溉有两个特征：一是受重力作用，灌溉水流具有自由水面；二是依靠田面本身输送和分配水量。土壤入渗性能、地面坡度及糙率等因素影响着水流在田面的流动和水量分配，这些因素复杂多变，因此进行科学的地面灌溉设计与管理并非易事。

地面灌溉是一种很古老的灌溉方法。至少 4 000 年前，埃及、中国、印度和中东地区一些国家的农民就已经采用地面灌溉方法灌溉农田。目前，全世界 90% 以上的灌溉土地仍在采用地面灌溉。美国有一半以上的灌溉土地采用地面灌溉，我国地面灌溉面积则高达 95% 以上。在可以预期的将来，大部分灌溉土地仍将维持地面灌溉。当然，地面灌溉也存在易破坏土壤团粒结构、地面容易板结、灌溉水利用率低、投入劳力多、用水管理不便、灌水质量不易保证、平整土地工作量大等缺点。然而在许多情况下，地面灌溉仍是一种经济而有效的灌溉方法。在适当的田间工程条件下，良好的设计和管理可以使地面灌溉达到与有压灌溉相近的灌水效率，也有实现灌溉自动化从而降低劳动强度的潜力。

二、地面灌溉的主要类型

按照湿润土壤方式的不同，地面灌溉可分为畦灌、沟灌、淹灌和漫灌等类型。

（一）畦灌

畦灌是将田块用畦埂分隔成一系列小畦，水从输水沟或毛渠进入畦田，以薄水层沿田面流动，水在流动过程中主要借重力作用逐渐渗入土壤的灌溉方法（见图 1-1）。畦灌适用于密植条播的粮食作物（如小麦、谷子等）、某些蔬菜及牧草等作物的灌溉。为保证灌水质量，要合理布置畦田，控制好入畦流量和放水时间。

依畦田长度划分，畦灌分长畦灌和短畦灌两种。通常，畦长达到 80 m 以上的称为长畦灌，畦长小于 80 m 的称为短畦灌或小畦灌。一般短畦灌较长畦灌省水，作物产量也较高。但在一些发达国家，由于土地平整技术水平及农业机械化程度较高，畦田规格趋向于加大，畦长可达 300 ~ 500 m，畦宽增至 10 ~ 30 m。一般长畦灌的田间灌水有效利用率小于 0.7，短畦灌的田间灌水有效利用率可达 0.8 以上。土地平整程度较好时，田间灌水有效利用率可以更高。

图 1-1　畦灌示意图

纵、横向地面坡度均为零的畦灌称为水平畦灌。其特点是田面平整度高、入畦流量大且能迅速布满整个田块、灌水均匀度高、深层渗漏水量少及灌溉水利用率高。水平畦灌适用于各种土壤条件下小麦等窄行密播作物。

水平畦灌是建立在激光控制土地精细平整技术应用基础上的一种地面灌溉技术，自 20 世纪 80 年代以来，在许多国家已得到推广应用。水平畦田可以是任意形状，周边由田埂封闭。水平畦田规格的设计取决于供水流量、土壤入渗特性等因素，一般在 4 hm^2 左右，较大的可达到 16 hm^2。应用水平畦灌技术，田间灌水效率可由平均 0.5 提高到 0.8，灌水均匀度由 0.7 左右提高到 0.85 左右，作物的水分生产效率由 1.13 kg/m^3 提高到 1.7 kg/m^3，节水增产效益显著。

（二）沟灌

沟灌是在作物行间开沟灌水，沟中水流借毛管作用和重力作用渗入沟两侧及沟底土壤的灌溉方法（见图 1-2）。沟灌适用于棉花、玉米等宽行中耕作物。为使灌水均匀，沟灌要合理确定灌水沟间距、长度、入沟流量和放水时间。

图 1-2　沟灌示意图

由于沟灌水流仅覆盖了约 1/5 的地表面，因此与畦灌相比，其明显的优点是可减少土壤蒸发损失，节省灌水量；不会破坏植物根部附近的土壤结构，不导致田面板结；多雨季节还可以起排水作用。沟灌田间灌水效率可达 0.8 以上。在国外，沟灌应用比畦灌更为广泛。在美国，沟灌是地面灌溉的主体，沟灌面积占地面灌溉面积的 70% 以上。

沟底水平的沟灌技术称为水平沟灌，其特点与水平畦灌类似，即入沟流量大、灌水均匀、田间灌水效率高。

（三）淹灌（又称格田灌溉）

淹灌是用田埂将灌溉土地划分成许多格田，一般引入较大流量，迅速在格田内建立起一定厚度的水层，主要借重力作用渗入土壤的灌溉方法。淹灌主要适用于水稻、水生植物和盐碱地淋洗改良。

（四）漫灌

漫灌是在田间不修畦、沟、埂，灌水时任其在地面漫流，借重力作用浸润土壤的粗放灌溉方法。这种灌溉方法灌水均匀度差，灌溉水浪费大，易破坏土壤结构，易提高地下水位，导致渍害和土壤次生盐碱化等危害。目前农田灌溉一般已不再采用漫灌，但在改良盐渍化土壤时，可采用大水漫灌，冲洗土壤中过多的可溶性盐分，通过排水沟排走，达到减少土壤含盐量的目的。

第二节　地面灌溉的过程与灌水质量指标

一、地面灌溉的过程

地面灌溉水流推进、消退与下渗是一个随时间而变化的复杂过程，一个完整的地面灌溉过程一般包括四个阶段，如图 1-3 所示。

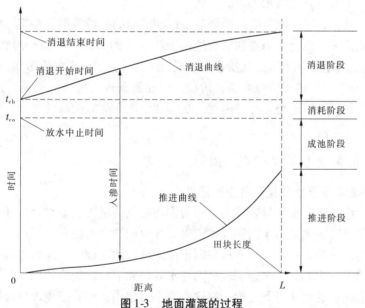

图 1-3　地面灌溉的过程

（一）推进阶段

在推进阶段，灌溉水由配水渠道或管道流入田间后，灌溉水流持续沿田面向前推进，流过整个田块一直到达田块末端。水流边向前推进，边向土壤中下渗，即灌溉水流在向前推进的同时就伴随有向土壤中下渗。灌溉水流沿田面的纵向推进形成一个明显的湿润前锋（即水流推进的前缘）。有时为了避免产生尾水，或保证灌水更为均匀，湿润前锋未到达田块末端，就关闭田块首端进水口，停止向田块放水。

（二）成池阶段

推进阶段结束后，灌溉水继续流入田间，直到田间获得所需的水量为止。这时可能有部分灌溉水在田块末端漫出进入排水沟，成为灌溉尾水，但大部分被积蓄在田间。自推进阶段结束至中止灌溉入流之间这一阶段即为成池阶段。成池阶段结束时，田间蓄存了一定数量的水量。

（三）消耗阶段

入流中止后，由于土壤入渗或尾水流失，田面蓄水量逐渐减少，直到田块首端（灌水沟沟首或畦田首端）地面裸露，消耗阶段结束。

（四）消退阶段

一般从田块首端裸露开始，地表面形成一消退锋面（落干锋面），并随田面水流动和土壤入渗向下游移动，直至田块尾端，此时田间土壤表面全部露出，灌水过程结束。消退一般从首端开始，若地面坡度很小，消退过程也可能从末端开始，或从两端开始。若是水平沟或水平畦，则整条灌水沟或整个畦田同时消退。

图1-3中，两条主要曲线是推进曲线和消退曲线，它们分别是推进阶段湿润锋面及消退阶段消退锋面的运动轨迹。某点的纵坐标是指自灌溉开始的累计时间，横坐标是指自田块首端至推进锋面或消退锋面的距离。显然在任一距离处，消退曲线与推进曲线之间的时间段，即为该处灌溉水入渗的时间。

需要说明的是，以上四个阶段的划分是地面灌溉的一般情形，在实际灌水时，并不总是能观察到推进、成池、消耗和消退这四个阶段。例如，对于水平沟灌或水平畦灌，只有推进阶段、成池阶段和消耗阶段。在沟灌时，若沟中灌水流量很小（即细流沟灌），可能没有明显的成池阶段和消耗阶段，只能看到推进阶段和消退阶段，有时消退时间也很短，甚至可以忽略不计。因此，在实践中地面灌溉阶段的划分，应根据具体情况加以分析。

二、地面灌溉主要灌水质量指标

（一）地面灌溉灌水质量及其影响因素

良好的地面灌溉灌水质量表现为：能为作物提供适量的灌溉水量，并具有良好的灌水均匀度，尽量避免因深层渗漏和尾水流失而导致的灌溉水浪费，不产生地面冲蚀或导致土壤次生盐碱化等。一般可以通过根据土壤质地、地面坡度及糙率等确定适宜的入田放水流量并适时中止入流，来达到较高的灌水效率和灌水均匀度。图1-4就是一个理论上可以出现的理想的地面灌溉过程，在这次灌水过程中，没有产生深层渗漏，没有产生尾水，也没有哪一处灌水不足，灌水达到完全均匀。当然，这种理想的灌水过程在实际灌溉中很难实现，因为人们对灌溉土地的质地、田面坡度及平整度、田面对水流的阻力等基本情况的把握不可能完全准确，而且分析计算本身也可能存在误差。尽管这种状态难以达到，但是明确有这样一种理想状态，可引导人们在地面灌溉设计和管理中向这一方向努力。

在灌水定额一定的情况下，灌水流量确定后，灌水时间也随之确定。因此，灌水流量是影响地面灌溉质量的一个重要因素。若灌水流量过小，则水流推进很慢，导致田块首部灌水过多，出现严重的深层渗漏；若灌水流量过大，水流过快到达田块末端，田块前部可能会出现灌水不足，末端则出现大量的尾水损失（若田块末端有田埂阻挡，则会出现田块末端灌水过多的现象），如图1-5所示。在良好的地面灌溉中，只产生少量

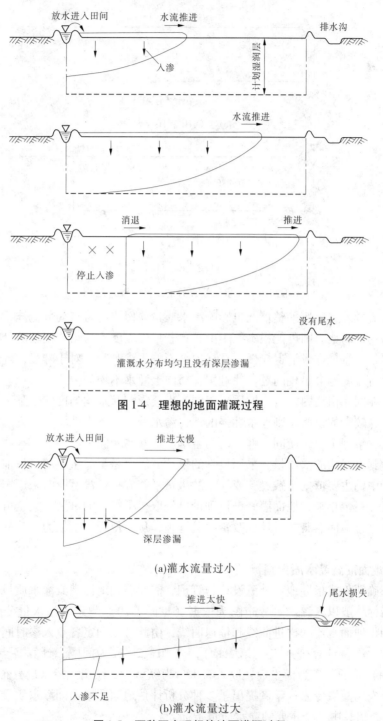

图1-4 理想的地面灌溉过程

图1-5 两种不太理想的地面灌溉过程

的深层渗漏,计划湿润层一般不出现灌水不足的情况(灌水量最少处刚好达到设计灌水要求),灌水均匀度适中,没有尾水或只产生少量的尾水流失,见图1-6。

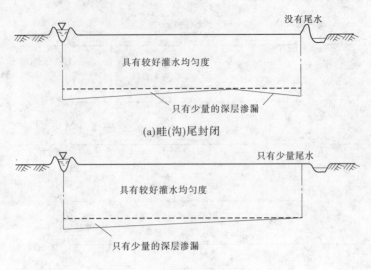

图 1-6　灌水质量良好的地面灌溉过程

除灌水流量外，田块平整情况也影响灌水质量。田块内若有局部低洼，会蓄存过多的水量，而局部高地，则可能根本灌不上水；若地面坡度不均匀，则较陡处推进或消退较快，较缓处水流推进或消退较慢，这样也会影响入渗时间。对于畦灌，畦田的横向应该水平，若有坡度也会出现问题，使畦田在横向上灌水不均匀。

另外，在同一田块内，若土壤质地不同，也会影响灌水均匀度。若某一畦田内有两种渗水性差异较大的土壤，则渗水性强的地方渗水较多，渗水性弱的地方渗水较少。这时宜重新划分整理田块，使同一畦田内的土壤质地基本相同。

为了达到良好的灌水质量，采用科学的设计方法也是至关重要的。目前，国内在地面灌溉设计中仍主要依据实践经验或简单的水量平衡方程，没有及时采用国际先进的设计方法。近二三十年来，地面灌溉设计理论已经取得了很大的进展，完全可以采用更科学的方法来进行地面灌溉的设计或改善灌溉管理，从而得到一个较为优化的设计与管理方案。

（二）　地面灌溉灌水质量指标

为了正确评价或指导地面灌溉设计与管理，需要明确地面灌溉灌水质量指标。计算灌水质量指标一般以入渗水量分布图为依据（见图 1-7）。测定入渗水量分布图的方法是：首先测得地面水流的推进曲线和消退曲线，由此可以确定各点入渗时间；然后根据入渗时间和入渗量计算公式（见第二章），以 10~20 m 为间隔，计算各点入渗水量；以距畦（沟）首的距离为横坐标，以入渗水量为纵坐标，绘出入渗水量分布图。

国内外农田灌溉专家、学者提出了多种分析评估地面灌溉田间灌水质量指标。下面结合图 1-7 介绍其中几个主要的灌水质量指标。

1. 田间灌水效率

田间灌水效率是指灌水后储存于计划湿润作物根系土壤区内的水量与实际灌入田间的总水量的比值，即

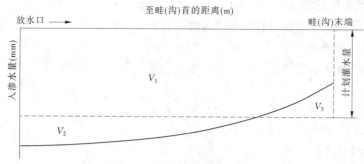

图 1-7　土壤入渗水量分布图

$$E_a = \frac{V_1}{V} = \frac{V - (V_2 + V_0)}{V} \tag{1-1}$$

式中　E_a——田间灌水效率；

　　　V_1——灌溉后储存于计划湿润层内的水量，m^3 或 mm；

　　　V——输入田间的总灌溉水量，m^3 或 mm；

　　　V_2——深层渗漏损失水量，m^3 或 mm；

　　　V_0——田间灌水径流流失水量，即尾水损失水量，m^3 或 mm。

　　田间灌水效率反映应用某种地面灌溉方法后，农田灌溉水有效利用的程度，是评估农田灌水质量优劣的重要指标。

　　2. 田间灌溉水储存率

　　田间灌溉水储存率是指应用某种地面灌溉方法灌水后，储存于计划湿润层内的水量与计划湿润层所需要的总水量的比值，即

$$E_s = \frac{V_1}{V_n} = \frac{V_1}{V_1 + V_3} \tag{1-2}$$

式中　E_s——田间灌溉水储存率；

　　　V_n——灌水前计划湿润层内所需要的总水量，m^3 或 mm；

　　　V_3——灌水量不足区域所欠缺的水量，m^3 或 mm；

　　　其余符号意义同前。

　　田间灌溉水储存率反映应用某种地面灌溉方法灌水后，能满足计划湿润层所需要水量的程度。充分灌溉时灌溉水储存率应等于1，非充分灌溉时灌溉水储存率应不低于0.8。

　　3. 田间灌水均匀度

　　田间灌水均匀度是指应用某种地面灌溉方法灌水后，灌溉水在田间各点分布的均匀程度，通常根据实测数据进行计算。表示灌水均匀度的方法有很多，目前多采用克里斯琴森系数表示，计算公式如下

$$C_u = 1 - \frac{|\overline{\Delta Z}|}{\overline{Z}} \tag{1-3}$$

式中　C_u——田间灌水均匀度；

　　　$|\overline{\Delta Z}|$——各测点的实际入渗水量与平均入渗水量离差绝对值的平均值，m^3 或 mm；

$\overline{Z}$——灌水后各测点的平均入渗水量，m^3 或 mm。

一般情况下，要求地面灌溉灌水均匀度达 0.8 以上。

4. 田间深层渗漏率

田间深层渗漏率是指深层渗漏损失的水量与输入田间的总灌溉水量之比，即

$$R_{dp} = \frac{V_2}{V} \tag{1-4}$$

式中　R_{dp}——田间深层渗漏率；

其余符号意义同前。

5. 田间尾水率

田间尾水率是指尾水损失的水量与输入田间的总灌溉水量之比，即

$$R_{tw} = \frac{V_0}{V} \tag{1-5}$$

式中　R_{tw}——田间尾水率；

其余符号意义同前。

在我国，畦田或灌水沟尾部多为封闭状态。在这种情况下，如果具有良好的田间管理水平，一般没有尾水，可不考虑尾水率。

以上各项评价指标中，E_a、E_s 和 C_u 是三项主要评价指标，分别从不同的侧面评估灌水质量的好坏。实际评价时，至少应计算这三项主要评价指标，单独使用其中一项指标难以全面评价田间灌水质量。

【例 1-1】 某田块进行畦灌，畦长 80 m，畦尾封闭，设计灌水定额为 60 mm，灌水结束后，测算得沿畦长方向入渗水量如图 1-8 所示，具体数据见表 1-1，试计算田间灌水效率、灌溉水储存率和灌水均匀度。

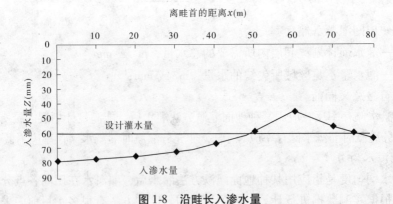

图 1-8　沿畦长入渗水量

解：（1）沿畦长方向共有 10 个断面，根据各断面入渗水量，计算相邻断面平均入渗水量，计算结果见表 1-1。再根据各断面间距，计算单宽总入渗水量，即

$$V = \sum_{i=1}^{9} \frac{Z_{i-1} + Z_i}{2 \times 1\,000} \Delta x_i = 5.273\,(m^3/m)$$

由表 1-1 第 5 列可知，在 0 ~ 50 m 及 75 ~ 80 m 范围内，各分段存储在计划湿润层内的入渗水量均达到设计灌水定额，即 60 mm，多余部分发生深层渗漏，在 50 ~ 75 m

范围内各分段入渗水量不足 60 mm，全部存储在计划湿润层内见，因此存储在计划湿润层内的单宽入渗水量为

$$V_1 = 0.06 \times 55 + 0.525 + 0.505 + 0.290 = 4.62 (\text{m}^3/\text{m})$$

田间灌水效率为

$$E_a = \frac{V_1}{V} = \frac{4.62}{5.273} = 0.88$$

（2）畦田单宽应灌水量为 $V_n = 0.06 \times 80 = 4.80 (\text{m}^3/\text{m})$，因此田间灌溉水储存率为

$$E_s = \frac{V_1}{V_n} = \frac{4.62}{4.80} = 0.96$$

（3）根据表 1-1，$\overline{|\Delta Z|} = 9.0$ mm，$\overline{Z} = 65.8$ mm，因此田间灌水均匀度为

$$C_u = 1 - \frac{\overline{|\Delta Z|}}{\overline{Z}} = 1 - \frac{9.0}{65.8} = 0.86$$

表 1-1　灌水质量指标计算表

i	x（m）	Z（mm）	Δx_i（m）	$\dfrac{Z_{i-1}+Z_i}{2}$（mm）	$\dfrac{Z_{i-1}+Z_i}{2 \times 1\,000}\Delta x_i$（m³/m）	$\mid \Delta Z_i \mid$（mm）
0	0	79				13.2
1	10	78	10	78.5	0.785	12.2
2	20	76	10	77.0	0.770	10.2
3	30	73	10	74.5	0.745	7.2
4	40	68	10	70.5	0.705	2.2
5	50	60	10	64	0.640	5.8
6	60	45	10	52.2	0.525	20.8
7	70	56	10	50.5	0.505	9.8
8	75	60	5	58.0	0.290	5.8
9	80	63	5	61.5	0.308	2.8
平均		65.8				9.0
合计					5.273	

第三节　地面灌溉技术发展概况

目前，地面灌溉仍是世界上许多国家特别是发展中国家广泛采用的一种灌溉方法，在今后相当长的时期内，地面灌溉在我国农田灌溉中仍将占主导地位，因此对改进地面

灌水技术应给予高度重视。长期以来，对地面灌溉存有一种偏见，甚至将地面灌溉等同于大水漫灌，这种错误的观点应该加以纠正。当然，与喷灌、微灌相比，地面灌溉存在田间灌水效率较低、灌水均匀度较差、易破坏土壤结构，以及易引起土壤养分流失等缺点，因此也需要努力改进地面灌溉技术，提高田间灌水质量。

土地集约化规模经营的发展、大型农业机具的使用、激光平地技术的应用、地面灌溉设计方法的改进，以及计算机辅助设计水平的提高，为改进地面灌溉提供了良好的条件，地面灌溉在灌水均匀度和灌水效率两方面都有很大提高。通过对沟畦规格、入畦（沟）流量、放水时间等灌水技术要素优化组合，达到节水增产的目的。

随着现代科技的发展，国外十分重视对传统地面灌溉方法的改进与发展。我国近几十年来地面灌溉技术也得到了较大发展，取得了一批优秀的成果。"九五"期间，"节水农业技术研究与示范"项目列入国家重点科技攻关计划，中国水利水电科学研究院承担的"田间节水灌溉新技术研究"专题对波涌灌溉技术和水平畦田灌溉技术进行了深入研究，取得了丰硕的成果；结合"948"项目，中国水利水电科学研究院引进国外先进技术和设备，开发生产了田间柔性闸管，并对闸管灌溉技术进行了推广应用；中国水利水电科学研究院与欧盟开展的合作项目"华北平原农业持续发展水土资源管理研究"及"黄河流域节水策略研究"对改进地面灌水技术进行了系统研究；国家节水灌溉北京工程技术研究中心通过承担科技部农业高效用水科技产业示范工程项目（新疆）中的"改进地面灌溉新技术集成"研究，对激光控制平地技术、田间闸管灌溉技术和高效沟灌技术进行了研究。我国在"国家高技术研究发展计划（863 计划）"中也专门立题开展精细地面灌溉技术研究，对国际上先进的地面灌溉技术进行跟踪研究。下面介绍国内外几种典型的地面节水灌溉新技术。

一、小畦"三改"灌水技术

小畦"三改"是指长畦改短畦、宽畦改窄畦、大畦改小畦。结合土地平整，进行田间工程改造，改长畦为短畦、改宽畦为窄畦、改大畦为小畦，设计合理的畦田尺寸和入畦流量，可大大提高灌溉水在田间分布的均匀程度，节约灌溉时间，减少灌溉水和养分的流失，促进作物生长健壮，并能减轻土壤冲刷和土壤板结。

陕西洛惠渠的研究表明，在入畦单宽流量为 3~5 L/s 时，灌水定额随畦长而变，当畦长由 100 m 改为 30 m 时，灌水定额减少 150~204 m^3/hm^2。

二、闸管灌溉系统

为了减少垄沟的输水损失，研究人员已经研究开发了闸管灌溉系统。该系统由输水软管（也可采用硬管）和开度可调节的配水口等部分组成。输水软管用聚乙烯掺加紫外线屏蔽剂和色母吹塑而成，具有良好的光稳定性、耐水性和耐热性。配水口采用吸水性好、表面光泽好的工程塑料制成，具有活动闸板，可以控制放水。

闸管灌溉系统将灌溉水经配水口直接送入田间，大大提高了输水效率；该系统取代了垄沟，节省土地，并且可以重复使用，降低了单位面积投资。配水口的出流量可以根据沟（畦）规格和土壤特性，通过闸板进行调节，从而提高灌水均匀度，减少深层渗漏损失。闸管灌溉系统既可以与渠灌区、井灌区的管道输水配套使用，也可用做全移动管道输水，代替田间农、毛渠，还可以用做波涌灌溉的末级配水管道。

三、波涌灌溉技术

波涌灌溉是在畦灌和沟灌的基础上发展起来的一种新的地面灌溉方法，1986 年 7 月美国农业部颁布了国家灌溉指南技术要点之五——波涌灌溉技术。波涌灌溉通过控制放入沟（畦）内的流量，进行间歇式供水，即向田间放一段时间（几分钟或几十分钟）的水，然后停止放水一段时间（几分钟或几十分钟），如此反复。用这种方法灌溉，沟内的水是不连续、周期性地向前推进的。用相同的水量灌溉时，波涌灌溉时的水流前进距离为通常的 2~3 倍。同时，由于波涌灌的水流推进速度快，土壤孔隙自行关闭，在土壤表层形成一个薄的封闭层，大大减少了水的深层渗漏，提高了田间灌水均匀度。与传统地面灌溉相比，波涌灌溉具有灌水质量好、田面水流推进速度快、省水、节能、保肥、可实现自动控制等优点。波涌灌溉比常规沟灌节水 30%~50%，田间灌水效率可达 0.8~0.9，作物产量也有所提高，适宜在沟（畦）长度大、地面坡度平坦、农田土壤透水性较强且含有一定黏粒等条件下采用。

波涌灌溉需要配备专门的控制阀和带有多孔闸阀的管道。它的控制器也多为电子控制装置，自动化程度较高，目前主要在美国推广应用，我国仍处在试点推广阶段。

四、控制性分根交替灌溉技术

控制性分根交替灌溉技术是一种通过人为控制根系在水平或垂直剖面的湿润区交替出现，利用干燥区产生的水分胁迫信号，形成叶面最优开孔度，从而使生长在湿润区的作物根系正常吸水，减少作物奢侈性蒸腾耗水和株间无效蒸发及总的灌溉水量，提高根系对水分和养分的利用率，最终达到以不牺牲作物的光合产物积累而大量省水目的的新型灌溉节水技术。

在地面灌溉条件下，控制性分根交替灌溉技术有隔沟交替灌溉和隔畦交替灌溉两种形式。其中，第一种形式较为常用，主要用于宽行种植的大田作物及果树。对密植的大田作物也可采用大、小水量交替灌溉，实现垂直剖面上的交替供水。室内外试验研究验证了该技术的节水效果，在同等生物量或经济产量的情况下，分根区交替灌溉比常规畦沟灌溉节水 33% 以上。

五、激光控制平地技术

平整土地是提高地面灌溉灌水质量、缩短灌水时间、提高灌水劳动效率和节水增产的一项重要措施。土地平整也是现代精准农业的基础平台，只有具备了高精度的土地平整，才能真正实现精量播种、精量施肥、精确收割（机械采棉）等。国外在农田水利工程建设中，都把平地作为一项重要的基础工作，激光控制平地技术可实现高精度的土地平整，因此得到了广泛的应用。

六、膜上灌溉

膜上灌溉是我国在地膜覆盖栽培技术的基础上发展起来的一种新的地面灌溉方法，简称膜上灌。它是将地膜平铺于畦中或沟中，畦、沟全部被地膜覆盖，从而实现利用地膜输水，并通过作物的放苗孔和专用灌水孔入渗给作物的灌溉方法。由于放苗孔和专用灌水孔只占田间灌溉面积的 1% ~ 5%，周围区域主要依靠旁侧渗水湿润，因而膜上灌实际上也是一种局部灌溉（指只湿润作物根系附近的土壤，其余远离根系的土壤仍保持干燥状态），适用于干旱地区各种作物灌溉。

膜上灌在我国新疆、甘肃、河南等地已开始大面积推广。由于水流为膜上水流，利用地膜防渗输水及地膜的保水作用，可达到节水的目的。生产试验表明：膜上灌与常规沟灌相比，棉花节水 40.8%，增产皮棉 5.12%，霜前花增产 15%；玉米节水 58%，增产 51.8%；瓜菜节水 25% 以上。

到 2010 年年底，我国农田有效灌溉面积 60 348 km^2，其中地面灌溉占 95% 以上。在西北、华北地区，采用传统的大畦、长畦地面灌溉方式还相当普遍，农田土地平整程度差，沟畦规格不合理，管理粗放，田间水的浪费十分严重。如豫东平原井灌区的畦田，畦长小于 50 m 的只占 9.1%，超过 100 m 的占 45%，平均为 100 m；畦宽小于 4 m 的只占 14%，大于 6 m 的占 34%，平均为 6 m。田间灌溉水的利用率只有 0.5 ~ 0.7。西北不少地区仍沿用大畦大水漫灌的旧习，水的浪费更为严重。通过改进地面灌溉技术，可以大幅度减少地面灌溉过程中的水量损失，提高地面灌溉质量。对改变我国地面灌溉的落后状况、缓解农业水资源短缺的矛盾、促进灌溉农业的可持续发展具有重要的现实意义。

第二章　农田土壤水分状况

农田水分形态包括农田地面水、土壤水和地下水三种类型，其中土壤水与作物生长关系最为密切，它直接影响到作物生长的水、气、热、养分等状况。因此，农田土壤水分状况是作物生长环境的核心。

第一节　土壤的物理性质

土壤是由固相、液相、气相三种物质组成的。固相物质包括矿物质和有机质，体积约占50%，由粗细不一、形状和组成各异的颗粒（通称土粒）所组成。液相物质（土壤水分及水分中的可溶性物质）和气相物质（土壤空气）分布在固相物质所构成的孔隙中。土壤固相颗粒的组成和孔隙的大小多少决定着土壤的物理、化学和生物特性，与植物生长发育所需的水分、空气、热量及养分的关系十分密切。

一、土壤质地

（一）概念

土壤质地即土壤机械组成，是指土壤中各级土粒含量的相对比例及其所表现的土壤砂黏性质。通常所说的砂土、壤土、黏土，就是根据粗细不同的土粒所占百分比来决定的。土壤质地是土壤的重要属性。不同质地的土壤，其水、肥、气、热状况，物理机械性能等都有很大差别，因此土壤质地对土壤理化性质以及作物生长发育影响甚大。

（二）分类

质地分类制，各国尚不统一。常用的有国际制、苏联卡庆斯基制和中国制等。国际制土壤质地分类在欧、美等国使用较广，在新中国成立前我国多采用这种分类。中国科学院南京土壤研究所等单位拟定了我国土壤质地分类标准。但在目前，我国常采用的土壤质地分类标准，是根据卡庆斯基制的物理性砂粒和物理性黏粒含量而划分的土壤质地（见表2-1）。

表2-1　土壤质地划分标准　　　　　　　　　　　　　　（%）

土壤质地分类	砂土	砂壤土	轻壤土	中壤土	重壤土	黏土
物理性黏粒（<0.01 mm）含量	0~10	10~20	20~30	30~45	45~60	>60
物理性砂粒（>0.01 mm）含量	100~90	90~80	80~70	70~55	55~40	<40

（三）确定方法

土壤质地可以通过以下途径确定：

（1）采集土样，委托农业、水利科研单位或院校在实验室通过颗粒分析试验测定土壤质地。

（2）向当地农业、水利部门调查，收集已有的土壤质地测定资料，由此确定土壤质地。

（3）采用指测法大致判断、确定土壤质地。指测法主要有干测和湿测两种。干测是指观察干燥状态下土壤的状态或根据手掌中研磨的感觉来测定土质。湿测是指土壤试样在潮湿状态下通过搓土条的方法来测定土壤质地。干测和湿测可相互补充，但以湿测为主。干测法和湿测法感观指标见表 2-2。

表 2-2　土壤质地感观指标

质地类型	干测法	湿测法
砂土	土粒分散，不成团；在手掌中研磨和搓揉时发出沙沙声	有粗糙感觉，无论含多少水，都不能搓成土条
砂壤土	土块用手指轻压后，易碎，在手掌中研磨时有较粗糙的感觉，但无沙沙声	有粗糙感觉，搓条时土条易断，不能搓成完整的土条，断的土条外部不光滑
轻壤土	干燥时用手指破坏需要较大的力；在手掌中研磨时感觉不均质，有相当量的黏质粒	有滑感，可揉成直径约 2 mm 的土条，土条光滑，弯成小圈时，土条自然断裂
中壤土	用手指难以破坏干土块；在手掌中研磨时感到粗细适中，不砂不黏，质地柔和	揉搓时易黏附手指，可揉成直径约 2 mm 的土条，但将土条弯成直径 2~3 cm 的小圆圈时，外圈有裂纹
重壤土	不可能用手指压碎干土块；在手掌中研磨时无粗糙感觉，均质，细而微黏	揉搓时有较强的黏附手指之感，可搓成完整的土条，可弯成完整的小圈，但压土环则产生裂纹
黏土	形成坚硬土块，极难于压碎，即使用锤击也难磨成粉末，一旦粉碎成粉末，土粒细腻而均匀	黏着力大，可搓成完整的土条，弯成小圈时，压扁小圈仍无裂纹

（四）土粒容重、土壤容重和土壤孔隙率

1. 土粒容重和土壤容重

土粒容重是指单位体积（不包括土壤中孔隙体积）土壤固体土粒的重量，其大小取决于矿物质组成与有机质的含量。由于我国土壤一般有机质含量不多，故土壤的土粒容重多为 2.6~2.7 g/cm^3，实际应用中，常取其平均值 2.65 g/cm^3 作为土壤的土粒容重。

土壤容重是指未破坏自然结构的情况下，单位体积（包括土粒间的孔隙部分）的干土重量，单位为 g/cm^3。干土重量是指 105~110 ℃ 条件下的烘干土重。土壤容重的大小随土壤质地、结构和土壤中有机质含量的不同而异。一般砂性土颗粒大，孔隙所占体积较小，因而土壤容重较大，为 1.4~1.7 g/cm^3；黏性土颗粒小，则容重小，为 1.1~1.6 g/cm^3；腐殖质含量较多的团粒结构土壤，由于孔隙所占容积大，容重小，为

$1.0 \sim 1.2 \text{ g/cm}^3$。在同一剖面中，由于土壤的层次不同，其容重有很大差异，愈向下层，容重愈大。

有条件时土壤容重应实测确定。测定土壤容重一般采用环刀法，其基本原理是：利用一定容积的环刀（一般为 100 cm^3），切割自然状态下未搅动的土样，使土体充满环刀，称量后计算单位体积内的干土重。测定方法如下：

用铁铲将选择好的面铲平，将环刀刀口向下垂直压入土中，直到环刀筒中充满土样为止，将环刀帽套在露土上面的一端，用锤子平稳慢慢地敲打环刀托，用铁铲取出装土体的环刀，用削土刀分别将环刀两端土削平，盖上盖子放入采样袋内；将环刀带至实验室，迅速放入烘箱，在 $105 \sim 110 \text{ ℃}$ 下烘至恒重。按式（2-1）计算土壤容重，即

$$\gamma = \frac{m_2 - m_1}{V_s} \tag{2-1}$$

式中　γ——土壤容重，g/cm^3；

　　　m_2——环刀和烘干土的总质量，g；

　　　m_1——环刀质量，g；

　　　V_s——环刀容积，cm^3。

无实测资料时，可根据土壤质地估计土壤容重（见表2-3）。

表2-3　我国部分地区土壤容重参考值

土壤类型	质地	容重（g/cm^3）	地区	土壤类型	质地	容重（g/cm^3）	地区
黑土和草甸土	砂土 壤土 壤黏土	$1.22 \sim 1.42$ $1.03 \sim 1.39$ $1.19 \sim 1.34$	华北地区	华北地区盐土	砂土 砂壤土 壤土 壤黏土 黏土	$1.42 \sim 1.62$ $1.43 \sim 1.56$ $1.43 \sim 1.56$ $1.35 \sim 1.40$ $1.26 \sim 1.38$	华北地区
黄绵土、泸土、蝼土	砂壤土 壤土 壤黏土	$0.95 \sim 1.28$ $1.00 \sim 1.30$ $1.10 \sim 1.40$	黄河中游地区	淮北平原土壤	砂土 砂壤土 壤土 壤黏土 黏土	$1.35 \sim 1.57$ $1.32 \sim 1.53$ $1.20 \sim 1.52$ $1.18 \sim 1.55$ $1.16 \sim 1.43$	淮北平原
华北平原非盐土	砂土 砂壤土 壤土 壤黏土 黏土	$1.45 \sim 1.60$ $1.36 \sim 1.54$ $1.40 \sim 1.55$ $1.35 \sim 1.54$ $1.30 \sim 1.45$	华北地区	红壤	壤土 壤黏土 黏土	$1.20 \sim 1.40$ $1.20 \sim 1.50$ $1.20 \sim 1.50$	华南地区

2. 土壤孔隙率

土壤是个多孔体，土粒与土粒之间或土粒与土壤团聚体之间的空隙，称土壤孔隙。

土壤孔隙的多少以孔隙率表示，即在一定体积的土壤内，孔隙体积占土壤总体积的百分数。土壤孔隙率一般不直接测定，可用土粒容重和土壤容重计算得出，即

$$土壤孔隙率 = \left(1 - \frac{土壤容重}{土粒容重}\right) \times 100\% \tag{2-2}$$

土壤孔隙状况（包括孔隙的大小、多少和大小孔隙配合比例）主要与土壤质地、结构和有机质含量有关。土壤质地愈细，虽然孔隙小但数量多，故孔隙率大而容重小；相反，土质粗，孔隙大但数量少，以大孔隙为主，故孔隙率低而土壤容重大。团粒结构良好的土壤，大小孔隙同时存在且比例适当，孔隙率也较大。有机质含量较高的土壤孔隙率较高，大孔隙也较多。另外，土壤孔隙状况还受降雨、灌溉、耕作、施肥等外部因素的影响。

一般土壤孔隙率多为30%～60%（见表2-4）。结构良好的表土层的孔隙率为55%～60%，而紧实的底土可低至25%～30%，有机质多的土壤孔隙率大，如泥炭土孔隙率可高达80%。

表2-4　不同质地的土壤孔隙状况　　　　　　　　　（%）

土壤质地	孔隙率	大孔隙的相对比率（以总孔隙率为100计）	
		毛管孔隙率（小孔隙）	非毛管孔隙率（大孔隙）
黏土	50～60	85～90	15～10
重壤土	45～50	70～80	30～20
中壤土	45～50	60～70	40～30
轻壤土	45～50	50～60	50～40
砂壤土	45～50	40～50	60～50
砂土	30～35	25～30	75～60

二、土壤结构

（一）土壤结构的概念及类型

土壤中的土粒一般情况下都不是以单粒状态存在。土粒在内外因素的综合作用下，形成大小不一、形状不同的团聚体，称为土壤结构。通常所说的土壤结构多指结构性。土壤结构体的种类、数量、排列方式、稳定程度、孔隙状况称为土壤的结构性。土壤结构性是土壤的一项重要的物理性质，良好的土壤结构是土壤肥力的重要指标之一。

按照土壤结构体的大小、形状及其与肥力的关系，通常将土壤结构分为单粒结构、片状结构、块状结构、柱状和棱柱状结构以及团粒状结构等类型，其中团粒状结构是最适宜植物生长的结构体类型。非团粒结构的土壤，由于孔隙大小、数量以及大小孔隙的比例不适当，水、气矛盾尖锐。当孔隙内充满水时，空气缺乏，干燥时，又会缺水。团粒结构的土壤，团粒（直径0.25～10 mm）之间是非毛管孔隙（孔径>0.1 mm），平时为空气占据，可以通气透水，当降水或灌溉时，水分通过非毛管孔隙进入土层，这样很少发生地面径流。团粒内部的毛管孔隙（孔径0.001～0.1 mm）具有保存水分的能力。因此，

渗入土壤中的水分，受团粒内毛管力作用，被吸持并保存于毛管孔隙中，起小水库的作用，多余的水分在重力的作用下渗入下部土层。雨后天晴或干旱季节，因为只有团粒之间接触处毛管才是连通的，因此蒸发强度小得多。一旦表层变干，土体收缩，截断了上下相连的毛管联系，形成隔离层，减弱了土壤水分的蒸发消耗。平时，非毛管孔隙经常充满空气，毛管孔隙贮存水分，水和空气各得其所，协调了水分和空气间的矛盾，同时土温也较稳定。因此，建立和保持良好的土壤结构，能提供适宜的土壤水、气、热状况。

（二）创造良好土壤结构的措施

良好的团粒结构体一般应具有一定的大小、多级孔隙和一定的稳定性，其作用表现在调节土壤水分与空气的矛盾，协调土壤养分的消耗和积累，稳定土温，调节土壤热状况，改善土壤耕性，有利于作物根系伸展。

土壤结构经常受到自然和人为因素的影响。因此，合理利用土壤有助于土壤团粒结构的形成，土壤肥力的不断提高；不合理地利用土壤就会导致土壤结构性恶化，土壤肥力下降。常采用的技术措施包括增施有机肥料、合理的轮作倒茬、合理灌溉、适时耕耘和应用土壤结构改良剂等。

第二节　土壤水分及其有效性

一、土壤水分形态

土壤水分在物理形态上有固体、液体和气体三种类型。固态水只有在土壤冻结时才存在；气态水存在于未被水分占据的土壤孔隙中，数量很少，计算时常忽略不计；液态水是土壤水分的主要形态，又可分为吸着水、毛管水和重力水三类。

（1）吸着水。包括吸湿水和薄膜水（又称膜状水）两种形式。吸湿水被紧束于土粒表面，不能在重力和毛管力的作用下自由移动，是土壤中的无效含水量；吸湿水达到最大时的土壤含水率称为吸湿系数。薄膜水吸附于吸湿水外部，只能沿土粒表面进行速度极小的移动；薄膜水达到最大时的土壤含水率，称为土壤的最大分子持水率。膜状水很难被作物吸收利用，只有在和植物根毛接触的地方才能被作物吸收利用。

（2）毛管水。是在毛管作用下土壤中所能保持的那部分水分，亦即在重力作用下不易排除的水分中超出吸着水的部分，分为上升毛管水及悬着毛管水。上升毛管水是指地下水沿土壤毛细管上升的水分。悬着毛管水是指不受地下水补给时，上层土壤由于毛细管作用所能保持的地面渗入的水分（来自降雨或灌水）。悬着毛管水达到最大时的土壤含水率称为田间持水率。在生产实践中，常把在灌水或降雨两天后测得的土壤含水率作为田间持水率。

（3）重力水。土壤中超出田间持水率的水分在重力作用下沿非毛管孔隙向深层移动，这种多余水量称为重力水。重力水在无地下水顶托的情况下，很快排出根系层；在地下水位高的地区，重力水停留在根系层内时，会影响土壤正常的通气状况，这部分水分有时称为过剩水。

在这几种土壤水分形式之间并无严格的分界线，其所占比重因土壤质地、结构、有机质含量和温度等不同而异。

二、土壤水分有效性

土壤水分对作物是否有效取决于作物根系和土壤对水分吸力的对比。作物根系对水分的吸力因作物的种类、品种和生育阶段而异，大体在 7 ~ 30 个大气压（1 个大气压 = $1 \times 10^5 Pa$）范围内，一般认为在 15 个大气压左右。土壤吸力小于 15 个大气压的那部分水量，可被作物吸收利用，称为有效水；土壤吸力大于或等于 15 个大气压的那部分水量不能被作物吸收利用，称为无效水。所以，15 个大气压的吸力是有效水和无效水的分界线，相应的土壤含水率的重量百分数叫做凋萎系数（又叫萎蔫系数、萎蔫点、凋萎点）。当土壤含水率降低至凋萎系数时，作物就无法吸水而呈现永久性凋萎，因此，凋萎系数是作物吸水的下限含水率，相当于吸湿系数的 1.5 ~ 2.0 倍。

土粒对吸湿水的吸附力高达 10 000 ~ 31 个大气压，所以吸湿水全部为无效水。土粒对膜状水的吸附力为 31 ~ 6.25 个大气压，所以膜状水中一部分为有效水，一部分为无效水，即水膜外层受土粒吸力小于 15 个大气压的那部分水能被作物吸收利用，而水膜内层靠近土粒，受土粒吸力大于或等于 15 个大气压的那部分水则不能被作物吸收利用。毛管水所受土壤吸力在 6.25 ~ 0.5 个大气压范围内，远比作物吸力小，都可被作物吸收利用。重力水所受吸力很小，但不能储存于土壤中，不能被作物吸收利用，称为过剩水。田间持水率是重力水和悬着毛管水以及有效水和过剩水的分界线。

从以上分析可知，土壤有效水的上限是田间持水率，有效水的下限是永久凋萎点，即凋萎系数。各种质地土壤的凋萎系数、田间持水率与有效水量见表 2-5。在生产实践中，允许土壤含水率的下限要大于永久凋萎点（等于毛管断裂含水率，即土壤中的毛管悬着水因作物吸收和土壤蒸发而发生断裂的土壤含水率），因为不能等到作物死不复生的时候才补充土壤水分，而是要保证作物正常生长。通常以田间持水率的 60% ~ 70% 作为控制下限，如土壤含水率降至土壤田间持水率的 60% ~ 70% 时，则需要灌溉。可见，土壤的凋萎系数和田间持水率是判断田间是否需要灌溉和确定灌水量的主要依据。

表 2-5　各种质地土壤的凋萎系数、田间持水率与有效水量　（重量百分比,%）

土壤质地	凋萎系数	田间持水率	有效水量
砂土	3 ~ 5	8 ~ 16	5 ~ 11
砂壤土、轻壤土	5 ~ 7	12 ~ 22	7 ~ 15
中壤土	8 ~ 9	20 ~ 28	12 ~ 19
重壤土	9 ~ 12	22 ~ 28	13 ~ 15
黏土	12 ~ 17	23 ~ 30	11 ~ 13

三、土壤含水率的表示方法

土壤含水率也称土壤湿度，北方地区俗称为"墒"，是指自然条件下土壤中所含水分的多少。土壤含水率的表示方法有以下4种：

（1）以水重占干土重的百分数表示（即重量含水率 $\theta_{重}$）。

土壤中实际所含的水重占烘干土重的百分数，可用烘干称重法直接测算。如果用 $\theta_{重}$ 表示土壤重量含水率，则

$$\theta_{重} = \frac{湿土重量 - 烘干土重量}{烘干土重量} \times 100\% \tag{2-3}$$

（2）以水分体积占土壤体积的百分数表示（即体积含水率 $\theta_{体}$）。

用体积百分数表示土壤含水率便于根据土体的体积直接计算所含水量的体积，或者根据预定的含水率指标直接计算需要向土体补充的水量。因为在田间难以测定土壤水分的体积，在实践中多根据重量含水率换算得体积含水率，即

$$\theta_{体} = \frac{土壤水分体积}{土壤体积} \times 100\%$$
$$= \frac{\theta_{重} \times 土壤干容重}{水的容重} \times 100\% \tag{2-4}$$

（3）以水分体积占土壤孔隙体积的百分数表示（即孔隙含水率 $\theta_{孔}$）。

这种表示方法能清楚地表明土壤水分充填土壤孔隙的程度。与求体积含水率一样，孔隙含水率难以实测，可根据重量含水率或体积含水率进行换算，即

$$\theta_{孔} = \frac{土壤水分体积}{孔隙体积} \times 100\%$$
$$= \frac{\theta_{重} \times 土壤干容重}{水的容重 \times 土壤孔隙率} \times 100\% \tag{2-5}$$
$$= \frac{\theta_{体}}{土壤孔隙率} \times 100\%$$

（4）以土壤实际含水率占田间持水率的百分数表示。

这种含水率也称土壤的相对含水率或相对湿度 $\theta_{相}$，对于旱地一般以土壤的绝对含水率 θ 占田间持水率 $\theta_{田}$ 的百分数表示，即

$$\theta_{相} = \frac{\theta}{\theta_{田}} \times 100\% \tag{2-6}$$

四、土壤含水率的测定方法

由于土壤含水率反映了土壤水分的供给状况并直接关系到作物的生长与收获，因此土壤含水率测定是农田灌溉管理的一项基础工作。土壤含水率的测定方法有很多种，本节主要介绍比较常用的感观法、烘干称重法和张力计法。

（一）感观法

测定土壤含水率一般需借助专门的仪器设备。有时在野外不具备这些仪器和设备条件，则可根据手摸和目测土壤的可塑性等，粗略估计土壤含水率（见表2-6）。

表 2-6　野外估测土壤含水率的经验

土质	干	稍润	润	潮	湿
砂性土（砂土、砂壤土、轻壤土）	无湿的感觉，干块可成单粒，含水率约为3%	微有湿的感觉，干多湿少，土块一触即散，土壤含水率约为10%	有湿的感觉，成块滚动不散，土壤含水率为15%	手触可留下湿的痕迹，可捏成较坚固的团块，土壤含水率为20%	粘手，手捏时有渍水现象，可勉强搓成球及条，土壤含水率约为25%
壤土	无湿的感觉，含水率约为4%	微有湿的感觉，含水率为10%左右	有湿的感觉，手指可搓成薄片状，土壤含水率为15%左右	有可塑性，易成球和条，土壤含水率为25%	粘手，如同浆糊状，可勉强成团块状，土壤含水率约为30%
黏性土（轻黏土、中黏土、重黏土）	无湿的感觉，土块坚硬，土壤含水率为5%～10%	微有湿的感觉，土块用力捏碎时，手指感到痛，含水率为10%～15%	有湿的感觉，手指可搓成薄片状，土壤含水率为15%～20%	有可塑性，能搓成球和条（粗面有裂缝，细面成节），土壤含水率为25%～30%	粘手，可搓成很好的球及细条（无裂缝），土壤含水率一般为35%～40%

（二）烘干称重法

烘干称重法是测定土壤含水率的最基本方法。其主要仪器或工具有取土钻、铝盒、烘箱和天平等。在野外取样点取土样并称重（铝盒＋湿土）后，将其放入 105～110 ℃烘箱中，持续 6～8 h。取出冷却后称重，再放入烘箱中烘 2～3 h，取出称重，直到前后两次重量相差不超过 0.01 g 为止。根据最后称重（铝盒＋干土）便可计算土壤含水率（重量含水率），计算公式为

$$土壤含水率 = \frac{（盒＋湿土重）－（盒＋干土重）}{（盒＋干土重）－盒重} \times 100\% \tag{2-7}$$

烘干称重法所需设备简单，方法易行，并有较高的精度，故常作为评价其他各种方法的标准。然而，由于烘干法有测定时间长、自动化程度低、劳动强度大、破坏地面等缺点，在实际墒情监测应用中受到限制。

（三）张力计法

土壤水分是靠土壤吸力的作用而存在于土壤中的。在同一土壤内含水率越小，土壤吸力越大；含水率越大，土壤吸力越小。张力计法是先用张力计测定土壤对水分的吸力，然后通过土壤水分特征曲线（即土壤吸力与土壤含水率的关系曲线，可通过同时测定张力计读数和用烘干法测定土壤含水率来建立）间接求出土壤含水率的一种方法。张力计由陶土头、集水管和负压计三部分组成（见图 2-1）。陶土头插入土壤中，水能自由通过，土粒不能通过。陶土头上端接集水管，开始测定时应充满水分。集水管上部再接负压计，负压计可采用机械式负压计（真空表）、装有水银的 U 形管或数字式负压

计。陶土头安装在被测土壤中之后，在土壤吸力作用下，张力计中的水分通过陶土头外渗，这时集水管里会产生一定的负压，该负压反映土壤对水分的吸力。在灌溉或降水后，土壤含水率增加，土壤中的水分又能回渗到集水管中。当张力计内外水分达到平衡时，读取负压计显示的负压，再根据土壤水分特征曲线（见图2-2）求出土壤含水率。

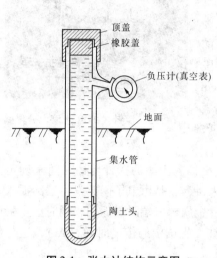

图 2-1　张力计结构示意图

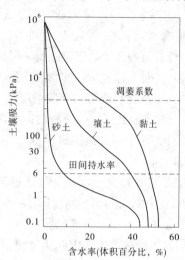

图 2-2　土壤含水率与土壤吸力关系曲线

　　张力计法的优点是设备易于设计、制造、安装和维修，价格便宜，对土壤扰动较小，并能定点长期监测水分状况；缺点是事先必须精确测定土壤水分特征曲线，读数存在滞后现象，另外土壤与张力计间的良好接触不易保证，操作不慎时易损坏仪器，需经常作校正。

　　张力计测量范围一般为 0～85 kPa。负压为 0～10 kPa 表示土壤比较潮湿，对多数作物来说湿度过高；负压为 10～30 kPa 表示土壤湿润，适宜多数作物生长；负压为 30～50 kPa 表示土壤干爽，喜湿作物已需灌水；负压大于 50 kPa 表示土壤干燥，多数作物需要灌水。表示土壤对水分吸力的单位有 kPa、bar、大气压和 cm 水柱等，其换算关系为：1 大气压 = 1 033.6 cm 水柱 = 1.013 3 bar = 101.325 kPa。

（四）时域反射仪法

　　时域反射仪（Time Domain Reflectometry，TDR）法是 20 世纪 80 年代以后发展起来的一种新的测墒技术，又称为介电常数法，它是通过测定土壤介电常数，间接求出土壤含水率的一种方法。时域反射仪法测定土壤含水率主要依赖于测试电缆。在测试土壤水分时，时域反射仪通过与土壤中平行电极连接的电缆，传播高频电磁波，信号从波导棒的末端反射到电缆测试器，从而在导波器上显示出信号的往返时间。只要知道传输线和波导棒的长度，就能计算出信号在土壤中的传播速度。介电常数与传播速度成反比，而与土壤含水率成正比。

　　TDR 探头可分为探针式和管式两大类。探针式可以埋设在土壤的剖面中进行定点连续测量，管式探头须和测管配合使用，可对土壤不同深度连续测量。下面简要介绍探针式 TDR 的系统组成及使用方法。

探针式 TDR 主要由两部分组成（见图 2-3）：
一是信号监测仪，包括电子函数发生器和示波器，
配有多通道配置和数据采集器；二是波导，也称探
针或探头，由两根或三根金属棒固定在绝缘材料手
柄上，与同轴电缆相连接而成。探针分便携式和可
埋式，便携式可随时插入土壤测量，一般长度为
15 cm，可埋式可埋入土壤定位测量。可埋式探针目前
也有两种：一种是以美国、加拿大产品为代表的单段
探针，即一个探针只能给出一段土层（一般为 15 cm
和 20 cm）的水分数据；另一种是以德国产品为代表
的多段探针，一个探针能提供多至 5 层的水分数据，
测量深度可达 120 cm。

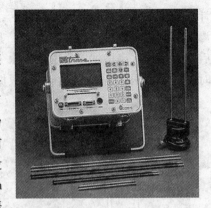

图 2-3　探针式 TDR 土壤水分仪

探针式 TDR 测定土壤水分是通过测定电磁波沿插入土壤的探针传播时间来确定土
壤的介电常数的，进而计算出土壤含水率。具体来讲，就是由电子函数发生器给插入土
壤的探针加一个电压的阶梯状脉冲波，当到达探针金属棒末端时便返回，同时产生一反
射波信号，传给接收器，由此信号便可获得脉冲波在土壤中的传播时间（Δt），这一传
播时间与土壤的介电常数（K_a）有关，可表示为

$$K_a = (c\Delta t/2L)^2 \qquad\qquad (2\text{-}8)$$

式中　c——光速，3×10^8 m/s；

　　　L——波导长度。

光速和波导长度均为已知数，只要测得 Δt 便可确定土壤的介电常数。土壤介电常
数的大小主要取决于土壤中水分含量的高低，因此测得土壤介电常数，即可确定土壤含
水率。1980 年，Topp 等发现土壤含水率与介电常数间的关系可用一个三次多项式的经
验公式表示为

$$Q = -5.3 \times 10^2 + 2.92 + 10^{-2}K_a - 5.5 + 10^{-4}K_a^2 + 4.3 + 10^{-6}K_a^3 \qquad (2\text{-}9)$$

由式（2-9）便可通过介电常数求得土壤体积含水率。

TDR 采用按键操作，简单易行。如果进行表层测量，临时将探针插入土壤指定位
置即可。如果是进行土壤剖面水分定位监测，需事先将探针按要求深度埋入土壤。探针
安置方式比较灵活，可以是横埋式、竖埋式、斜埋式或任意放置。但值得一提的是，
TDR 给出的含水率是整个探针长度的平均含水率，而且测量范围比较小。所以，在同
一土体中采用不同的埋置方式得出的结果可能会不同。因此，在使用探针式 TDR 时应
根据试验要求选择适宜的探针埋置方式。

TDR 法的优点是勿需标定，不受土壤的结构和质地的影响，可直接读出土壤的体
积含水率，且精度较高；土壤盐分对测定精度的影响较小，可在土壤剖面上各点（包
括地表附近）长期监测；数据收集的自动化程度高。其缺点是仪器及探头价格昂贵。

【例 2-1】　从田间取得直径 10 cm、高 10 cm 的柱状土样，烘干前称重为 1 284 g，
烘干后称重为 1 151 g，试确定土壤容重、重量含水率、体积含水率；若将土样再湿润
至饱和点，用水 314 g，试确定土壤孔隙率、原土样孔隙含水率、土粒容重。

解：（1）土壤容重：

$$\gamma = \frac{干土重}{土体体积} = \frac{1\ 151}{3.\ 14 \times 10^2 \div 4 \times 10} = 1.\ 466(g/cm^3)$$

（2）重量含水率：

$$\theta_重 = \frac{湿土重量 - 烘干土重量}{烘干土重量} \times 100\% = \frac{1\ 284 - 1\ 151}{1\ 151} \times 100\% = 11.\ 6\%$$

（3）体积含水率：

$$\theta_体 = \frac{\theta_重 \times 土壤干容重}{水的容重} \times 100\% = \frac{11.\ 6\% \times 1.\ 466}{1} \times 100\% = 17.\ 0\%$$

（4）孔隙率：

$$土壤孔隙率 = \frac{饱和土中水重 \times 水的容重}{土体体积} \times 100\% = \frac{314 \times 1}{3.\ 14 \times 10^2 \div 4 \times 10} \times 100\% = 40\%$$

（5）原土样孔隙含水率：

$$\theta_孔 = \frac{\theta_体}{土壤孔隙率} \times 100\% = \frac{17.\ 0\%}{40\%} \times 100\% = 42.\ 5\%$$

（6）土粒容重：

$$土粒容重 = \frac{土壤容重}{1 - 孔隙率} \times 100\% = \frac{1.\ 466}{1 - 40\%} \times 100\% = 2.\ 44(g/cm^3)$$

第三节　土壤入渗

一、土壤入渗的概念

土壤入渗是指水分从土壤表面进入土壤的过程。入渗是灌溉过程中非常重要的一个环节，因为灌溉水正是通过入渗才被转化为土壤水从而被作物吸收利用的。了解水渗入土壤的过程及特性，对合理确定灌水技术参数、提高地面灌溉质量具有重要的意义。

二、土壤入渗规律

在某一时段内，通过单位面积的土壤表面入渗的水量，称为累计入渗量，其单位一般用 mm。累计入渗量与入渗时间的关系如图 2-4 所示，通常用考斯加可夫（Kostiakov）公式来表示。考斯加可夫公式属于经验性公式，是 1932 年由苏联的考斯加可夫提出的，其表达式为

$$Z = kt^a \tag{2-10}$$

式中　Z——t 时间内累计入渗量，mm；

　　　　t——入渗历时，h 或 min；

　　　　k——入渗系数（第一个单位时间内的平均入渗率），mm/h 或 mm/min；

　　　　a——入渗指数，无因次。

a、k 统称为土壤入渗参数，可由田间试验实测获得。应该注意的是，本书土壤入渗指数 a 相当于国内部分文献中的 $1 - \alpha$（α 也称入渗指数），入渗系数 k 在国内一般以

符号 K_0 表示（含义相同）。本书采用的这种表示方式与当前国外通常的表示方式相符，可便于参考国外土壤入渗参数经验值，也便于应用国外的地面灌溉设计与管理软件。

单位时间内通过单位面积的土壤表面所入渗的水量，称为入渗速率，也称入渗速度或入渗率，其单位一般用 mm/h 或 mm/min。

在入渗过程中，土壤的入渗能力是随着入渗历时而变化的。考察充分供水条件下的垂直入渗过程可以发现，入渗开始时，入渗速率较大，随着入渗历时的延长，入渗率逐渐减小，最后趋近于一个较稳定的数值 f_0（称为稳定入渗速率），不再继续下降，如图 2-5 所示。由此可见，土壤的入渗能力随着入渗历时逐渐降低，直至达到稳定入渗率 f_0。一般将达到稳定入渗速率以前的阶段称为初始入渗阶段，达到稳定入渗以后的阶段称为稳定入渗阶段。稳定入渗率主要取决于土壤质地，不同土壤的稳定入渗速率见表 2-7。

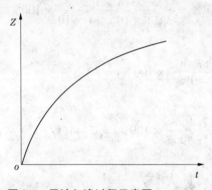
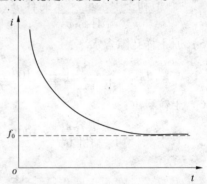

图 2-4　累计入渗过程示意图　　　　图 2-5　入渗率随入渗历时变化示意图

表 2-7　各种土壤稳定入渗速率

土壤类型	稳定入渗速率（mm/h）	土壤类型	稳定入渗速率（mm/h）
砂土	30	黏壤土	5 ~ 10
砂壤土	20 ~ 30	黏土	1 ~ 5
轻壤土、中壤土	10 ~ 20		

显然，累计入渗量的变化率即为入渗速度，因此可通过对式（2-10）求导，得到考斯加可夫入渗率公式，即

$$i = akt^{a-1} \tag{2-11}$$

式中　i——入渗率，mm/h 或 mm/min；

其余符号意义同前。

考斯加可夫入渗系数和入渗指数的大小与土壤质地、土壤容重、初始含水率等因素有关。入渗指数 a 的值一般为 0.3 ~ 0.8，轻质土壤的 a 值较大，重质土壤的 a 值较小，一般情况下可取 0.5；入渗系数 k 的值一般为 30 ~ 160 mm/h。

研究人员根据大量的试验，总结了不同情况下入渗时间与入渗参数的关系（见表 2-8）。应用时，可根据入渗 100 mm（相当于 66.7 m³/亩❶）所需的时间，按表 2-8

---

❶　1 亩 = 1/15 hm²。

估计 a 和 k。

表 2-8 考斯加可夫土壤入渗参数

入渗 100 mm 所需的时间（h）	土壤入渗指数 a	土壤入渗系数 k（mm/h）
0.5	0.739	167.0
1	0.675	100.0
2	0.611	65.5
4	0.547	46.8
8	0.483	36.6
16	0.419	31.3
32	0.355	29.2

注：指数 $a = 0.675 - 0.212\,5\,\lg(t_{100})$，其中 t_{100} 是入渗 100 mm 的小时数。

一般地，砂土的入渗能力较高，黏土的入渗能力较低，壤土的入渗能力居中；对于同一种质地的土壤来讲，容重越小入渗能力越高，反之亦然；在土壤质地和容重相同的情况下，土壤的入渗能力与初始含水率呈反变化的关系。

根据式（2-11），入渗时间达无限大时，入渗速度趋于 0，这与实际不符，因此式（2-10）及式（2-11）在理论上并不严密，但是以上两个公式简单、实用，所以应用非常广泛。

式（2-10）可扩展得到一个更为合理的入渗公式，称为修正的考斯加可夫公式（也称考斯加可夫 – 列维斯公式），即

$$Z = kt^a + bt + c \tag{2-12}$$

式中　b——入渗系数，mm/h；

　　　c——入渗常数，mm。

式（2-12）中，c 一般可忽略不计，因此式（2-12）可转变为

$$Z = kt^a + bt \tag{2-13}$$

对式（2-13）求导，得相应的入渗率公式为

$$i = akt^{a-1} + b \tag{2-14}$$

显然，式（2-14）中 b 应等于稳定入渗率 f_0。事实上，也可直接根据累计入渗曲线获得 b。达到稳定入渗后，累计入渗过程曲线趋近于一条直线，该直线的斜率即为 b。

在应用时，宜实测参数 a、k、b。由于这些参数对于地面灌溉设计和地面灌溉管理都非常重要，因此通过实测确定这些参数是很有必要的。

一般情况下，如果土壤的稳定入渗率很小，或者灌水时间比达到稳定入渗的时间要短，那么还是适宜采用式（2-10）和式（2-11）；如果灌水时间较长，已超过了达到稳定入渗的时间，且稳定入渗率较大，这时宜采用式（2-13）和式（2-14）。

若对式（2-10）两边取对数，得

$$\lg Z = a\lg t + \lg k$$

由此可见，测得一组 t、Z 值，取对数后，则成为一条直线（见图 2-6）。通过线性

回归，该直线的截距为 $\lg k$，斜率为入渗指数 a。

若采用修正的考斯加可夫公式，首先求出稳定入渗率 f_0（即 b），并令 $Z' = Z - bt$，则有

$$\lg Z' = a\lg t + \lg k$$

可见，也可以进行线性回归，很容易求出 a 和 k。

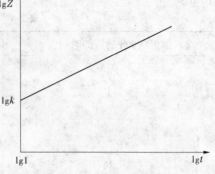

图 2-6　$\lg Z$ 与 $\lg t$ 的关系

【例 2-2】　试验获得如表 2-9 一组土壤入渗试验数据。

（1）确定该土壤的考斯加可夫累计入渗量公式。

（2）确定该土壤修正的考斯加可夫累计入渗量公式。

（3）根据已求得的两种入渗公式，分别计算入渗时间至 0.5 h、2 h、5 h、10 h 和 15 h 时的累计入渗量。

表 2-9　土壤入渗试验数据

累计时间	（min）	6	30	60	120	180	240	360	480	600
	（h）	0.1	0.5	1	2	3	4	6	8	10
累计入渗量（mm）		7	11	14	18	21	24	29	34	38

解：（1）试验数据在直角坐标系中分布情况如图 2-7 所示。由图 2-7 可见，1~4 h 为初始入渗阶段，之后各点基本在一直线上，已达到稳定入渗阶段。

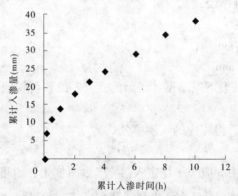

图 2-7　累计入渗时间与累计入渗量散点图

根据试验数据可知，第一个单位时间内的平均入渗率为 14 mm/h，因此 $k = 14$ mm/h。根据入渗时间至 1 h 和 3 h 的累计入渗量，计算入渗指数 a 为

$$a = \frac{\lg 21 - \lg 14}{\lg 3 - \lg 1} = 0.369$$

因此，考斯加可夫累计入渗量公式为 $Z = 14t^{0.369}$。

（2）入渗过程后期已达稳定入渗阶段，因此可根据 8 h 至 10 h 之间的入渗量，估算稳定入渗率 b 为

$$b = \frac{38 - 34}{10 - 8} = 2(\text{mm/h})$$

根据入渗时间至 1 h 和 3 h 的累计入渗量及稳定入渗率 b，计算入渗指数 a 为

$$a = \frac{\lg(21 - 2 \times 3) - \lg(14 - 2 \times 1)}{\lg 3 - \lg 1} = 0.203$$

另外，当 $t = 1$ h 时，$\lg k = \lg Z' = \lg(14 - 2 \times 1) = \lg 12$，因此，$k = 12$ mm/h。

因此，修正的考斯加可夫累计入渗量公式为 $Z = 12t^{0.203} + 2t$。

（3）由公式 $Z = 14t^{0.369}$，计算得 0.5 h、2 h、5 h、10 h、15 h 入渗量分别为 10.8 mm、18.1 mm、25.4 mm、32.7 mm 和 38.0 mm。

由公式 $Z = 12t^{0.203} + 2t$，计算得 0.5 h、2 h、5 h、10 h、15 h 入渗量分别为 11.4 mm、17.8 mm、26.6 mm、39.2 mm 和 50.8 mm。

计算结果表明，在入渗时间较短时，计算结果相近，如果入渗时间较长，计算结果有较大差异。因此，在入渗时间较长时（或灌水定额较大时），宜采用修正的考斯加可夫公式。

第三章　旱作物需水量与灌溉制度

第一节　旱作物需水量

一、旱作物田间耗水途径与需水规律

（一）旱作物田间耗水途径

农田水分消耗主要有三种途径，即植株蒸腾、株间蒸发和深层渗漏。

1. 植株蒸腾

植株蒸腾是指作物植株内水分通过叶面气孔散发到大气中的现象，植株蒸腾耗水占作物根系吸水的99%以上，另有不到1%的水分留在植株体内，成为作物组织的组成部分。植株蒸腾是必不可少的生理需水，因此一般尽量使之得到满足。

2. 株间蒸发

株间蒸发是指旱作物植株间的土壤蒸发，又称为棵间蒸发。株间蒸发和植株蒸腾都受气象因素影响，二者互为消长。在作物生育初期，由于植株小、叶面覆盖率低，田间水量消耗以株间蒸发为主，随着植株长大和叶面覆盖度的增加，蒸腾逐渐大于株间蒸发；至后期，由于生理活动减弱，株间蒸发占的比重又会增大。株间蒸发能增加地面附近空气的湿度，对改善作物生长环境有利，但大部分是无益的消耗，因此在缺水地区或干旱季节应尽量采取措施（如薄膜覆盖、中耕松土、改进灌溉技术等），减少它的消耗，以节省灌溉用水。

3. 深层渗漏

深层渗漏是指土壤水分超过了田间持水率而向根系以下土层产生渗漏的现象。深层渗漏对旱田是无益的，会造成水分和养分的流失浪费，在地下水含盐较多的地区，还容易形成次生盐碱化，因此应确定适宜灌溉水量，防止产生深层渗漏。

植株蒸腾与株间蒸发都受气象因素支配，互为消长，而且很难准确加以区分，所以通常将二者合称为腾发，二者消耗的水量合称为腾发量，又称为作物需水量，其单位可采用 mm 或 m³/亩。腾发量与深层渗漏量之和称为田间耗水量。对于旱作物，在灌溉技术良好的情况下，深层渗漏损失很小，可忽略不计，所以旱作物的田间耗水量即作物需水量。

（二）旱作物需水规律

作物需水规律是指在作物一生中，日需水量的变化情况。研究和掌握作物需水规律是进行合理灌排、科学调节农田水分状况、适时适量满足作物需水要求、确保高产稳产的重要依据。

1. 旱作物需水量的影响因素

1）气象条件

气象条件是作物需水量的主要影响因素。辐射、气温、日照、空气湿度和风速、气压等气象因素对作物需水量都有很大影响。太阳辐射愈强、气温愈高、日照时间愈长、空气湿度愈低、风速愈大、气压愈低，则作物需水量愈大；反之，则愈小。就地区而言，湿度较大、温度较低地区，其需水量小；而气温高、相对湿度小的地区，需水量则大。就年份而言，湿润年作物需水量小，干旱年作物需水量则相对较大。

2）土壤条件

影响作物需水量的土壤因素主要有土壤质地、颜色、含水率、有机质含量、养分状况等。砂土持水力弱，蒸发较快，因此在砂土上的作物需水量就大。就土壤颜色而言，黑褐色土壤吸热较多，其蒸发较大，作物需水量较大，而颜色较浅的黄白色土壤反射较强，相对蒸发较少，作物需水量较少。对于同一种土壤，土壤表层湿度对作物需水也有很大影响。在一定范围内，作物需水量随土壤含水率的增加而增加。

3）作物种类

在相同自然条件下，不同种类作物的需水量是不同的。一般来说，凡生长期长、叶面积大、生长速度快、根系发达的作物需水量大；反之，需水量较小。作物按需水量大小可分为三类：需水量较大的有麻类、豆类等；需水量中等的有麦类、玉米、棉花等；需水量较小的有高粱、谷子、甘薯等。此外，同一作物的不同品种需水量也有差异，耐旱和早熟品种需水量较少。

4）农业技术措施

农业技术措施不同，作物需水情况不同。例如，塑膜覆盖、秸秆覆盖以及灌水后适时耕耙保墒、中耕松土等措施，改变了土壤表面状态，可减少作物需水量。

2. 旱作物需水的一般规律及需水临界期

1）旱作物需水的一般规律

作物在全生育期的不同时段或不同生育阶段对水分的需求是不同的。一般规律是：在作物生长初期，植株小，叶面积小，蒸腾量也就小，所以作物需水量较小；随着作物生长发育，植株长大，叶面积逐渐增多，蒸腾量随之增加，田间逐渐为作物全部覆盖，株间蒸发却渐次减小，但作物需水量将逐渐增高；最后，随着作物成熟及其枝叶枯老，蒸腾降低至最小，而株间蒸发又渐渐回升，但作物需水量也逐渐减少。作物的这种需水规律通常用作物各生育阶段的作物需水量占全生育期作物需水量的百比数，即作物需水模系数来表示。需水模系数一般应由田间试验实测得出或参照类似地区资料确定。

2）旱作物需水临界期

在作物各生育阶段，缺水对作物产量的影响程度并不相同，通常把对缺水最敏感、影响产量最大的时期叫做需水临界期或需水关键期。以生产种子或果实为目的的作物，其需水临界期大多出现在从营养生长向生殖生长过渡的时期，例如禾谷类作物多在穗器官形成时期，棉花在花铃期，大豆则在开花期至豆荚生长期；以生产块根为目的的甜菜，以生产蔗秆为目的的甘蔗，以生产烟叶为目的的烟草，它们的需水临界期都在营养生长期。不同作物的需水临界期详见表3-1。了解作物需水临界期有利于合理安排作物布局，使用水不至过分集中；在干旱情况下，便于优先灌溉正处于需水临界期的作物，充分发挥灌溉效益。

表 3-1　部分旱作物的需水临界期

作物	需水临界期
小麦	开花期大于产量形成期大于营养生长期，冬小麦不如春小麦敏感
玉米	开花期大于籽粒充实期，如开花以前不缺水，则开花时对缺水特别敏感
棉花	开花和棉蕾形成时期
大豆	产量形成和开花期，尤其在豆荚生长期间
花生	开花和产量形成时期，尤其是荚果形成时期
高粱	开花期，产量形成期大于营养生长期
烟草	快速生长期大于产量形成和成熟期
洋葱	葱头长大时期，特别是葱头快速生长期间大于营养生长期（生产种子在开花期）
辣椒	整个营养生长期，尤其是在开花前和开花初期
马铃薯	葡匐茎形成和块茎形成期，产量形成期大于营养生长初期和成熟期
向日葵	开花期大于产量形成期大于营养生长后期，特别是幼芽生长期
番茄	开花期大于产量形成期大于营养生长期，特别在移植期间和紧接移植以后
西瓜	开花期大于果实充实期大于营养生长期，特别在藤苗生长期间
苜蓿	紧接刈割以后（生产种子在开花期）
柠檬	开花和结果时期大于果实长大时期，正好在开花前停止灌水可引起过量开花
橙子	开花结果时期大于果实长大时期
葡萄	营养生长期，特别是嫩枝伸长和开花时期大于果实充实时期

注：资料来源于联合国粮农组织灌溉及排水丛书《产量与水的关系》，罗马，1979。

　3. 主要旱作物需水规律

　1）冬小麦的需水规律

　（1）各生育阶段的需水量。冬小麦各生育期由于时间长短、气候条件各异，因而各阶段总需水量与阶段日需水强度不同。需水量最多的阶段是抽穗—成熟期，即灌浆阶段。灌浆期需水量大的原因是由于该阶段生长期长，而且日需水强度高。但日需水强度最大的阶段是在拔节—抽穗期，这是因为此期间气温日益升高，是冬小麦进入营养生长与生殖生长并进，茎、叶、穗迅速成长壮大时期，生长力旺盛，叶面蒸腾强，需水强度大，是小麦的需水临界期。因此，保证这一阶段的水分需求，对冬小麦的增产、增收十分重要。

　（2）株间蒸发与叶面蒸腾。冬小麦需水量主要由叶面蒸腾与株间蒸发两部分水量组成。叶面蒸腾是一个生理过程，蒸腾量大小除与大气条件和土壤水分条件有关外，也受植株本身的生理作用制约。植株的生长条件，如叶面积大小等因素也影响着蒸腾量的大小。蒸腾量的变化规律是由冬小麦生长初期的较少而逐渐增大，至拔节以后达到最大值。株间蒸发是一个物理过程，与土壤水分条件、棵间小气候状况、水汽压梯度和地面覆盖条件有关。冬小麦生长初期，株间蒸发量较大。如播种—越冬期，由于叶面覆盖少，株间蒸发量占需水量的60%以上。以后，随着冬小麦植株群体的逐渐增大，株间蒸发量逐渐降低，至拔节以后减至最小值，这时不足需水量的10%。

我国冬小麦的种植面积分布很广，几乎遍及全国，但主要产区集中在长江以北、黄河及淮河流域的河南、河北、山东、山西、陕西、安徽、江苏、北京、天津、新疆等省（市、区）。这些省（市、区）冬小麦种植面积占全国冬小麦种植总面积的80%左右，冬小麦生长期一般是10月中旬至次年的5月下旬，此时恰处于北方干旱季节，因此冬小麦的灌溉也只限于这些地区。南方各省冬小麦生长期降雨颇多，一般不需要灌溉。

2）春小麦的需水规律

（1）各生育阶段的需水量。春小麦需水量最大的生育阶段为灌浆期，即抽穗—成熟阶段，其模系数（每个生育阶段的需水量占全生育期需水总量的百分比）在40%以上；其次是拔节期，模系数在20%以上；阶段需水量最小时期为播种—出苗期，模系数在6%以下。日需水强度最高的阶段一般为拔节期，其生理需水与生态需水均达到了最高峰，是春小麦的生殖生长与营养生长最旺盛的阶段，保证这一时期的水分需求，对春小麦增产作用重大。

（2）株间蒸发与叶面蒸腾。春小麦各生育期的叶面蒸腾变化与总需水量变化相似，从小到大，而又由大变小，峰值在拔节—抽穗期。株间蒸发也基本与叶面蒸腾的变化同步，这主要是春小麦生长期间蒸发量明显受气象条件影响，气象条件与生物学过程同步，较大的生物量并没有明显抑制株间蒸发之故。春小麦株间蒸发量占需水量比例与产量水平有关，一般占20%~30%，产量水平高时所占比例较小，反之则大。春小麦株间蒸发量占需水量比例还与品种类型有关。

我国春小麦主要分布在东北、西北与内蒙古地区，春小麦一般3月底或4月初播种，6月底或7月初收割，在其生长旺期内，降雨较少，因此普遍需要灌溉。

3）玉米的需水规律

玉米在我国分布很广，是我国仅次于水稻和小麦的主要粮食作物。玉米植株高大，叶片茂盛，生长期多处于高温季节，所以植株蒸腾和株间蒸发都很大，比高粱、谷子、黍类作物的需水量要多得多。

（1）播种—拔节阶段：植株蒸腾量很小，其水分多数消耗在株间蒸发中，玉米这个生育阶段在全生育期内时间最长，春、夏玉米分别占全生育期天数的32.4%~35.6%和30.3%~31.9%，但需水模系数最低，春玉米占23.9%~24.2%，而夏玉米仅占16.7%~22.8%。

（2）拔节—抽雄阶段：不论是春玉米还是夏玉米，此生育阶段都处于气温较高的季节。玉米在拔节以后，由于植株蒸腾的速率增加较快，日需水强度不断增大。该阶段经历时间：春玉米34~40 d，北方夏玉米25~32 d，南方夏玉米仅18~25 d。该阶段需水模系数普遍较高：春玉米为28.2%~33.5%，在灌溉条件下的夏玉米达28.3%~36.5%。

（3）抽雄—灌浆阶段：是玉米形成产量的关键期。该阶段经历时间较短：春玉米

18 ~ 24 d，夏玉米 16 ~ 21 d。需水模系数的区域差异性较大：辽宁春玉米平均为 17.9%，而山西北部春玉米达 28.4%，安徽中部夏玉米为 23.7%。

（4）灌浆—成熟阶段：除部分春玉米外，此阶段多数地方气温渐降，叶片也开始发黄，该阶段持续时间：春玉米 30 ~ 36 d，夏玉米 22 ~ 28 d。黄河以北地区，无论春玉米或夏玉米，需水模系数大多在 25% 左右。而南方多数省份，生育期正常供水情况下，夏玉米需水模系数一般为 29% ~ 34%，春玉米也在 27% 以上。

4）棉花的需水规律

棉花是我国的主要经济作物，除西藏、青海、内蒙古和黑龙江四省（区）外，都有棉花栽培。棉花需水量受气候、土壤、品种、栽培条件等影响，在各地区有一定的变化。在华北、陕西等地的黄河流域棉区，属于半湿润气候区，这里年平均气温为 10 ~ 15 ℃，年降雨量 550 ~ 600 mm，无霜期长达 180 ~ 230 d，棉花全生育期需水量变化在 550 ~ 600 mm。西北内陆棉区，如新疆维吾尔自治区、甘肃省河西等地，属大陆干旱气候，年降雨量仅为 20 ~ 180 mm，棉花生长期平均气温为 5 ~ 10 ℃，由于蒸发力强，棉花需水量高达 800 mm 以上。在我国的南方长江流域棉区，如江苏、安徽、湖南、湖北及浙江等地，棉花生长期平均气温为 5 ~ 18 ℃，年降雨量为 750 ~ 1 500 mm，雨水充沛，棉花需水量为 600 mm 左右。在东北辽河流域属特早熟棉区，由于生长期短，棉花需水量仅为 400 ~ 500 mm。

20 世纪 80 年代以来大面积实行地膜覆盖、秸秆覆盖新技术措施后，显著减少了棉田棵间土壤蒸发量，从而降低了需水量。据新疆维吾尔自治区资料，幼苗至现蕾阶段，在覆膜度为 75% 时，因覆盖，减少株间蒸发量达 51.6%，花铃期减少 60.4%，吐絮期减少 42.0%。全生育期减少 53.9%。另外，不同棉花品种，由于株形结构、叶面积等不同，需水量亦不同。根据试验，品种对需水量的影响，变化幅度在 10% 左右。

从棉花的苗期、蕾期到花铃期，随气温逐渐升高，植株叶面积系数增大，日需水量也逐渐增多。开始吐絮以后，由于气温降低，植株蒸腾面积减小和蒸腾强度降低，日需水量减少。棉花各生育期的灌溉需求如下：

（1）苗期。北方棉区这一时段大约在 45 d，时间从 4 月底到 6 月初。一般不要求灌水，习惯蹲苗，此时加强中耕松土措施既可保墒，又能提高地温，有利于促进幼苗生长，也可减轻病害。长江流域棉区，苗期正值梅雨季节，细雨濛濛，排水问题更为突出，不需灌水。

（2）蕾期。棉花现蕾以后气温升高，生长发育加快，花蕾大量出现，对水分要求也十分迫切。北方棉区此间干旱少雨，必须灌溉以保证棉苗生长发育对水分的需求。现蕾期及时灌水，不仅有利于棉株生长，而且现蕾数也明显增加，有利于增产。经验表明，蕾期适时灌水可以争取早坐、多坐伏前桃，进而控制后期植株徒长，减少了蕾、铃脱落率。

（3）花铃期。花铃期植株蒸腾量大，对水分十分敏感，是棉花的需水临界期。这一阶段虽逢雨季，但由于降水的不稳定性，仍重视灌溉。干旱和淹涝都会引起蕾铃的大量脱落。另外，花铃期缺水与否不但影响产量，而且对棉纤维品质也有影响。花铃期正值棉花生殖生长旺盛阶段，在干旱时及时灌水不仅有利于干物质的形成，而且有利于矿物质营养的吸收利用。

（4）絮期。吐絮以后叶片逐渐老化，有的已脱落，叶面蒸腾量明显减少，对灌溉要求不高。但试验资料表明，絮期干旱时及时灌水，对产量与棉纤维品质都有重要影响。有的研究成果表明，絮期及时灌水，能明显增加秋桃数并增强已坐成桃的棉纤维品质。关于后期停水日期，主要依据秋季降雨、温度变化、霜期早晚情况来决定。秋雨少，生长期较长的地区，8 月中旬的幼铃尚能吐絮，停水日期可放在 8 月 30 日左右，即在吐絮开始时为宜。如果 9 月天气干旱，还应继续灌水，以保证幼铃的生长与成熟。

二、作物需水量确定方法

由于影响作物需水量的因素错综复杂，目前尚难从理论上对作物需水量进行精确计算。在生产实践中，确定作物需水量有两种途径：一种是通过田间试验方法直接测定；另一种是在试验基础上用经验或半经验公式计算。下面介绍几种计算作物需水量的方法。

（一）直接计算需水量的方法

一般是先从影响作物需水量的诸因素中选择几个主要因素（例如水面蒸发、气温、湿度、日照、辐射等），再根据试验观测资料分析这些主要因素与作物需水量之间存在的数量关系，最后归纳成某种形式的经验公式。目前常见的这类经验公式大致有以下几种。

1. 以水面蒸发量为参数的需水系数法（简称"α 值法"）

日照、气温、湿度和风速等气象因素是影响作物需水量的重要因素，而水面蒸发量能综合反映上述各种气象因素的影响，因此作物田间需水量与蒸发皿观测值之间存在一定程度的相关关系。可根据这种相关关系估计作物田间需水量，计算公式如下

$$E = \alpha E_0 \tag{3-1}$$

或

$$E_i = aE_0 + b \tag{3-2}$$

式中　E——全生育期或某时段内作物需水量，mm；

　　　E_0——全生育期或与 E 同时段的水面蒸发量，mm，一般采用 80 cm 口径蒸发皿的蒸发值，若采用 20 cm 口径蒸发皿，则需进行换算 $E_{80} = 0.8E_{20}$；

　　　α——需水系数，一般根据试验资料确定，旱作物 $\alpha = 0.3 \sim 0.7$；

　　　a，b——经验常数。

由于"α 值法"只需要水面蒸发量资料，易于获得且比较稳定，在土壤含水率较大的情况下，可用该法估算旱作物的需水量。在干旱和半干旱地区，土壤含水率通常较小，不宜采用此法计算旱作物需水量。

2. 以产量为参数的需水系数法（简称"K 值法"）

作物产量是太阳能的累积与水、土、肥、热、气诸因素的协调及农业措施的综合结果。在一定的气象条件下和一定的范围内，作物田间需水量将随产量的提高而增加，因此作物总需水量可按下式估算

$$E = KY \tag{3-3}$$

式中　E——作物全生育期内总需水量，$m^3/$亩；

　　　　Y——作物单位面积产量，$kg/$亩；

　　　　K——以产量为指标的需水系数，即单位产量的需水量，m^3/kg。

事实上，作物需水量的增加并不与产量成正比，单位产量的需水量随产量的增加而逐渐减小。因此，作物总需水量的表达式可修正为

$$E = KY^n + C \tag{3-4}$$

式中　n、C——经验指数和常数；

　　　　其余符号意义同前。

式（3-3）和式（3-4）中的 K、n 及 C 值可通过试验确定。根据试验资料，玉米 $K = 0.25 \sim 0.76$，小麦 $K = 0.36 \sim 0.85$，棉花 $K = 0.6 \sim 1.7$；$n = 0.3 \sim 0.5$；小麦 $C = 11.3 \sim 16.0$。

此法简便，只要确定计划产量后便可算出需水量；同时，此法使需水量与产量相联系，便于进行灌溉经济分析。对于旱作物，在土壤水分不足而影响高产的情况下，需水量随产量的提高而增大，用此法推算较可靠。

在生产实践中，常习惯采用所谓模系数法估算作物各生育阶段的需水量，即先确定全生育期作物需水量，然后按照各生育阶段需水规律，以一定比例进行分配，即

$$E_i = K_i E \tag{3-5}$$

式中　E_i——第 i 阶段作物需水量，$m^3/$亩；

　　　　E——作物全生育期内总需水量，$m^3/$亩；

　　　　K_i——第 i 阶段作物需水模系数，即第 i 阶段作物需水量占全生育期需水量的比例，可通过试验确定。

（二）通过计算参照作物的需水量来计算实际需水量的方法

通过计算参照作物的需水量来计算实际需水量的方法是首先计算参照作物腾发量 ET_0，也称为潜在需水量，然后利用有关系数修正，计算某种具体作物的实际需水量 E。

所谓参照作物需水量，是指土壤水分充足、地面完全覆盖、生长正常、高矮整齐的开阔（地块的长度和宽度都大于 200 m）矮草地（草高 $8 \sim 15$ cm）上的蒸发量，一般是指在这种条件下的苜蓿草的需水量。因为这种参照作物需水量主要受气象条件的影响，所以都是根据当地的气象条件分阶段（如月、旬、日）计算的。

1. 计算参照作物需水量

彭曼－蒙特斯（Penman-Monteith）公式是 1990 年联合国粮农组织（FAO）推荐的计算参考作物腾发量的新公式，与 20 世纪 70 年代应用的彭曼（Penman）公式比较，该公式统一了计算标准，无须进行地区率定和使用当地的风速函数，同时不用改变任何参数即可适用于世界各个地区和各种气候，估值精度高且具备良好的可比性。其公式如下

$$ET_0 = \frac{0.408\Delta(R_n - G) + \gamma \dfrac{900}{T + 273} u_2(e_s - e_a)}{\Delta + \gamma(1 + 0.34 u_2)} \tag{3-6}$$

式中　ET_0——参照作物需水量，mm/d；

R_n——作物表面的净辐射量，$MJ/(m^2 \cdot d)$；

G——土壤热通量密度，$MJ/(m^2 \cdot d)$；

T——地面以上 2 m 处的平均气温，℃；

u_2——地面以上 2 m 处的风速，m/s；

e_s——饱和水汽压，kPa；

e_a——实际水汽压，kPa；

$e_s - e_a$——饱和水汽压亏缺量，kPa；

Δ——水汽压力曲线斜率，kPa/℃；

γ——湿度计常数，kPa/℃。

（1）确定 e_s、e_a。

$$e^{\circ}(T) = 0.610\,8\exp\left(\frac{17.27T}{T + 237.3}\right) \tag{3-7}$$

$$e_s = \frac{e^{\circ}(T_{max}) + e^{\circ}(T_{min})}{2} \tag{3-8}$$

$$e_a = \frac{e^{\circ}(T_{max})\dfrac{RH_{min}}{100} + e^{\circ}(T_{min})\dfrac{RH_{max}}{100}}{2} \tag{3-9}$$

式中　$e^{\circ}(T)$——气温为 T ℃时的饱和水汽压，kPa；

T_{max}、T_{min}——地面以上 2 m 处最高、最低气温，℃；

RH_{max}、RH_{min}——最大、最小相对湿度（%）。

若缺乏 RH_{min}、RH_{max}，可用 RH_{mean} 值按下式计算

$$e_a = \frac{RH_{mean}}{100}\left[\frac{e^{\circ}(T_{max}) + e^{\circ}(T_{min})}{2}\right] \tag{3-10}$$

式中　RH_{mean}——平均相对湿度（%）；

其余符号意义同前。

（2）确定 γ。

$$\gamma = 0.665 \times 10^{-3}P \tag{3-11}$$

$$P = 101.3 \times \left(\frac{293 - 0.006\,5Z}{293}\right)^{5.26} \tag{3-12}$$

式中　P——大气压强，kPa；

Z——海拔高度，m。

（3）确定 R_n。

$$R_n = 0.77R_s - 4.903 \times 10^{-9} \times \left(\frac{T_{max,K}^4 + T_{min,K}^4}{2}\right)(0.34 - 0.14\sqrt{e_a})\left(1.35\frac{R_s}{R_{s0}} - 0.35\right) \tag{3-13}$$

$$R_s = \left(a_s + b_s\frac{n}{N}\right)R_a \tag{3-14}$$

$$R_{s0} = (a_s + b_s)R_a \tag{3-15}$$

$$R_a = \frac{1\,440}{\pi} G_{SC} d_r (\omega_s \sin\varphi \sin\delta + \cos\varphi \cos\delta \sin\omega_s) \tag{3-16}$$

式中　R_s——太阳短波辐射，$MJ/(m^2 \cdot d)$；

R_{s0}——晴空时太阳辐射，$MJ/(m^2 \cdot d)$；

$T_{max,K}$、$T_{min,K}$——24 h 内最高、最低绝对温度，K，$K = ℃ + 273.16$；

a_s、b_s——短波辐射比例系数，我国一些地点的 a_s、b_s 值可从表3-2 查得；

R_a——地球大气圈外的太阳辐射通量，$MJ/(m^2 \cdot d)$；

G_{SC}——太阳辐射常数，为 $0.082\,0\ MJ/(m^2 \cdot min)$；

d_r——日地相对距离的倒数，$d_r = 1 + 0.033\cos\left(\frac{2\pi}{365}J\right)$，$J$ 为在年内的日序数；

φ——纬度，北半球为正值，南半球为负值，（°）；

δ——太阳磁偏角，rad，$\delta = 0.409\sin\left(\frac{2\pi}{365}J - 1.39\right)$；

ω_s——日落时相位角，rad，$\omega_s = \arccos(-\tan\varphi\tan\delta)$；

n、N——实际日照时数与最大可能日照时数，h，$N = \frac{24}{\pi}\omega_s$。

表 3-2　我国一些地点的 a_s、b_s 值

地点	夏半年（4~9月）		冬半年（10~翌年3月）	
	a_s	b_s	a_s	b_s
乌鲁木齐	0.15	0.60	0.23	0.48
西宁	0.26	0.48	0.26	0.52
银川	0.28	0.41	0.21	0.55
西安	0.12	0.60	0.14	0.60
成都	0.20	0.45	0.17	0.55
宜昌	0.13	0.54	0.14	0.54
长沙	0.14	0.59	0.13	0.62
南京	0.15	0.54	0.01	0.65
济南	0.05	0.67	0.07	0.67
太原	0.16	0.59	0.25	0.49
呼和浩特	0.13	0.65	0.19	0.60
北京	0.19	0.54	0.21	0.56
哈尔滨	0.13	0.60	0.20	0.52
长春	0.06	0.71	0.28	0.44
沈阳	0.05	0.73	0.22	0.47
郑州	0.17	0.45	0.14	0.45

（4）确定土壤热通量 G。

以日为时段计算时，第 i 日土壤热通量为

$$G_{d,i} = 0.38(T_{d,i} - T_{d,i-1})$$ (3-17)

以月为时段计算时，第 i 月土壤热通量为

$$G_{m,i} = 0.14(T_{m,i} - T_{m,i-1})$$ (3-18)

式中　$G_{d,i}$、$G_{m,i}$——第 i 日、第 i 月土壤热通量密度，$MJ/(m^2 \cdot d)$；

　　　$T_{d,i}$、$T_{d,i-1}$——第 i 日、第 $i-1$ 日（即前一日）的日平均气温，℃；

　　　$T_{m,i}$、$T_{m,i-1}$——第 i 月、第 $i-1$ 月的月平均气温，℃。

（5）确定 u_2。

当实测风速距地面不到 2 m 高时，用下面的公式进行调整

$$u_2 = u_z \frac{4.87}{\ln(67.8Z - 5.42)}$$ (3-19)

式中　u_2——实测地面以上 2 m 处的风速，m/s；

　　　u_z——实测地面以上 Z m 处的风速，m/s；

　　　Z——风速测定实际高度，m。

（6）确定 Δ。

$$\Delta = \frac{4\,098\left(0.610\,8\exp\dfrac{17.27T}{T+237.3}\right)}{(T+237.3)^2}$$ (3-20)

2. 计算作物实际需水量

通常，作物实际需水量可由参考作物潜在腾发量和作物系数计算，即

$$E = K_c ET_0$$ (3-21)

式中　E——阶段日平均需水量，mm/d；

　　　ET_0——阶段日平均潜在需水量，mm/d；

　　　K_c——作物系数。

作物系数不仅随作物种类、发育阶段而异，还会因作物受水分胁迫及降雨或灌水后湿土表面蒸发增加而变化，为了考虑水分胁迫和湿土表面蒸发的影响，可对式（3-21）中的作物系数作如下修正，即

$$K_c = K_{cb}K_s + K_w$$ (3-22)

式中　K_{cb}——基本作物系数，指土壤表面干燥、长势良好且供水充分时作物需水量与

　　　　　ET_0 的比值；

　　　K_s——水分胁迫系数；

　　　K_w——反映降雨或灌水后湿土蒸发增加对作物系数影响的系数。

在不考虑水分胁迫，也不考虑降雨或灌水后湿土蒸发增加对作物系数影响时，$K_c = K_{cb}$；在考虑水分胁迫，但不考虑降雨或灌水后湿土蒸发增加对作物系数影响时，$K_c = K_{cb}K_s$。实际计算时，应根据具体情况确定需考虑的影响因素。

（1）基本作物系数。基本作物系数可用 FAO 推荐的伦鲍斯和普鲁伊特提出并经豪威尔等修正的估算方法。该方法将生育期划分为以下四个时期：

初始生长期：从播种开始的早期生长时期，土壤根本或基本没有被作物覆盖（地面覆盖率10%）。

冠层发育期：初始生长阶段结束到作物有效覆盖土壤表面（地面覆盖率70% ~ 80%）的一段时间。

生育中期：从充分覆盖到成熟开始，叶片开始变色或衰老的一段时间。

成熟期：从生育中期结束到生理成熟或收获的一段时间。

以玉米为例，生育期内基本作物系数的变化过程如图 3-1 所示。在初始生长阶段，水分损失主要由土壤蒸发所致。因为基本曲线代表的是干燥的土壤表面，所以在这一时期基本作物系数是一个常数，并统一取 0.25。

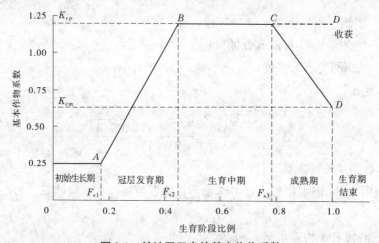

图 3-1　某地区玉米的基本作物系数

为计算作物其他发育阶段的作物系数，需要在作物系数曲线上确定 4 个点。即图中的 A、B、C、D。

A 点的 K_{cb} 是已知的（取 0.25），因此只需确定初始生育期占全生育期的比例 F_{s1}。

B 点的基本作物系数已达到峰值，确定该点需同时知道该点的基本作物系数 K_{cp} 和 F_{s2} 的值。

C 点的基本作物系数与 B 点的相同，因此只需确定 F_{s3}。

D 点一般位于成熟期末，由于作物生育期结束的时间是已知的，因此确定 D 点只需知道该点的基本作物系数 K_{cm}。如果作物在开始成熟前即收获（如甜玉米），则到收获时作物系数一直保持在峰值。

可见，要确定全生育期作物系数变化过程，只需确定 5 个参数，即 F_{s1}、F_{s2}、F_{s3}、K_{cp} 和 K_{cm}。图中冠层发育期和成熟期中某一日的基本作物系数可通过插值法求得。表 3-3 列出了部分作物的 5 个参数，以供参考。

表3-3　部分作物基本作物系数的5个参数

作物	气候	中等风力		强风力		生育期比例			生育期天数 (d)
		K_{cp}	K_{cm}	K_{cp}	K_{cm}	F_{s1}	F_{s2}	F_{s3}	
大麦	湿润	1.05	0.25	1.10	0.25	0.13	0.33	0.75	120~150
	干旱	1.15	0.20	1.20	0.20				
冬小麦	湿润	1.05	0.25	1.10	0.25	0.13	0.33	0.75	120~150
	干旱	1.15	0.20	1.20	0.20				
春小麦	湿润	1.05	0.55	1.10	0.55	0.13	0.53	0.75	100~140
	干旱	1.15	0.50	1.20	0.50				
甜玉米	湿润	1.05	0.95	1.10	1.00	0.22	0.56	0.89	80~100
	干旱	1.15	1.05	1.20	1.10				
籽玉米	湿润	1.05	0.55	1.10	0.55	0.17	0.45	0.78	105~180
	干旱	1.15	0.60	1.20	0.60				
大豆	湿润	1.00	0.45	1.05	0.45	0.15	0.37	0.81	60~150
	干旱	1.10	0.45	1.15	0.45				
棉花	湿润	1.05	0.65	1.15	0.65	0.15	0.43	0.75	180~195
	干旱	1.20	0.65	1.25	0.70				

（2）水分胁迫系数。水分胁迫系数可以按下式计算

$$K_s = \begin{cases} \dfrac{\lambda_a}{\lambda_c} & \lambda_a < \lambda_c \\ 1 & \lambda_a \geqslant \lambda_c \end{cases} \qquad (3\text{-}23)$$

式中　λ_a——根区土壤有效水百分比，$\lambda_a = \dfrac{\theta_v - \theta_p}{\theta_f - \theta_p}$，$\theta_v$ 为当前土壤实际含水率（体积百分比），θ_f 为田间持水率（体积百分比），θ_p 为永久凋萎系数（体积百分比）；

λ_c——根区土壤有效水百分比的临界值，根据作物耐旱性的不同而变化，在干旱条件下仍能维持 ET_0 的作物称为耐旱作物，对于耐旱作物 λ_c 取25%，对于对干旱敏感的作物 λ_c 取50%。

（3）降雨或灌水后湿土蒸发增加对作物系数影响的系数。

K_w 值可用下式估算

$$K_w = F_w(1 - K_{cb})A_f \qquad (3\text{-}24)$$

式中　F_w——湿润土壤表面的比例，可以根据实际调查或参考表3-4确定；

A_f——平均湿土蒸发因子，可查表3-5。

表3-5中湿润发生间隔是指降水或灌水间隔的天数。例如，一个月降水（或灌水）

4 次，则湿润发生间隔可取 7 d。

表 3-4　降雨和各种灌溉方式下的湿润土壤表面的比例 F_w

降雨或灌溉方式	降雨	喷灌	畦灌和淹灌	沟灌			滴灌
				灌水量大	灌水量小	隔沟灌	
F_w	1.0	1.0	1.0	1.0	0.5	0.5	0.25

表 3-5　平均湿土蒸发因子 A_f 取值

湿润发生间隔（d）	黏土	黏壤土	粉砂壤土	砂壤土	壤砂土	砂土
1	1.000	1.000	1.000	1.000	1.000	1.000
2	0.842	0.811	0.776	0.750	0.711	0.646
3	0.746	0.696	0.640	0.598	0.535	0.431
4	0.672	0.608	0.536	0.482	0.402	0.323
5	0.611	0.535	0.450	0.385	0.321	0.259
6	0.558	0.472	0.375	0.321	0.268	0.215
7	0.511	0.415	0.322	0.275	0.229	0.185
8	0.467	0.363	0.281	0.241	0.201	0.162
9	0.427	0.323	0.250	0.214	0.178	0.144
10	0.389	0.291	0.225	0.193	0.161	0.129
11	0.354	0.264	0.205	0.175	0.146	0.118
12	0.325	0.242	0.188	0.161	0.134	0.108
13	0.300	0.224	0.173	0.148	0.124	0.099
14	0.278	0.208	0.161	0.138	0.115	0.092
15	0.260	0.194	0.150	0.128	0.107	0.086
16	0.243	0.182	0.141	0.120	0.100	0.081
17	0.229	0.171	0.132	0.113	0.094	0.076
18	0.216	0.161	0.125	0.107	0.089	0.072
19	0.205	0.153	0.118	0.101	0.085	0.068
20	0.195	0.145	0.113	0.096	0.080	0.065
21	0.185	0.138	0.107	0.092	0.076	0.062
22	0.177	0.132	0.102	0.088	0.073	0.059
23	0.169	0.126	0.098	0.084	0.070	0.056
24	0.162	0.121	0.094	0.080	0.067	0.054
25	0.156	0.116	0.090	0.077	0.064	0.052
26	0.150	0.112	0.087	0.074	0.062	0.050
27	0.144	0.108	0.083	0.071	0.059	0.048
28	0.139	0.104	0.080	0.069	0.057	0.046
29	0.134	0.100	0.078	0.066	0.055	0.045
30	0.130	0.097	0.075	0.064	0.054	0.043

【例 3-1】　计算地点位于东经 119.27°北纬 32.48°，海拔高度为 5.4 m。2010 年 7 月 20 日气象资料为：日平均气温为 29.3 ℃，日最高气温为 34.4 ℃，日最低气温为 26.2 ℃，平均相对湿度为 75%，10 m 高日平均风速为 2.5 m/s，日实际日照时数为 8.9 h。2010 年 7 月 19 日的日平均气温为 30 ℃。种植作物为棉花，基本作物系数取 1.1，不考虑水分胁迫以及灌溉和降水对作物系数的影响。试用彭曼－蒙特斯公式计算该日棉花的日需水量。

解：（1）计算 e_s、e_a。

已知 7 月 20 日最高气温为 34.4 ℃，最低气温为 26.2 ℃，根据式（3-7）、式（3-8）有

$$e^{\circ}(T_{max}) = 0.6108\exp\left(\frac{17.27 \times 34.4}{34.4 + 237.3}\right) = 5.439(kPa)$$

$$e^{\circ}(T_{min}) = 0.6108\exp\left(\frac{17.27 \times 26.2}{26.2 + 237.3}\right) = 3.401(kPa)$$

$$e_s = \frac{e^{\circ}(T_{max}) + e^{\circ}(T_{min})}{2} = \frac{5.439 + 3.401}{2} = 4.420(kPa)$$

又已知该日平均相对湿度为 75%，根据式（3-10）有

$$e_a = \frac{RH_{mean}}{100}\left[\frac{e^{\circ}(T_{max}) + e^{\circ}(T_{min})}{2}\right] = \frac{75}{100} \times 4.420 = 3.315(kPa)$$

（2）计算 γ。

已知该地海拔高度为 5.4 m，根据式（3-11）、式（3-12）有

$$P = 101.3\left(\frac{293 - 0.0065Z}{293}\right)^{5.26} = 101.3 \times \left(\frac{293 - 0.0065 \times 5.4}{293}\right)^{5.26} = 101.24(kPa)$$

$$\gamma = 0.665 \times 10^{-3}P = 0.665 \times 10^{-3} \times 101.24 = 0.067(kPa/℃)$$

（3）计算 R_n。

已知该地位于北纬 32.48°，即 $\varphi = 32.48 \times \frac{\pi}{180} = 0.567$（rad），该年 7 月 20 日在年内的日序数为 201，即 $J = 201$，则

$$d_r = 1 + 0.033\cos\left(\frac{2\pi}{365}J\right) = 1 + 0.033\cos\left(\frac{2\pi}{365} \times 201\right) = 0.969$$

$$\delta = 0.409\sin\left(\frac{2\pi}{365}J - 1.39\right) = 0.409\sin\left(\frac{2\pi}{365} \times 201 - 1.39\right) = 0.359(rad)$$

$$\omega_s = \arccos(-\tan\varphi\tan\delta) = \arccos(-\tan0.567\tan0.359) = 1.812(rad)$$

根据式（3-16）有

$$R_a = \frac{1440}{\pi}G_{SC}d_r(\omega_s\sin\varphi\sin\delta + \cos\varphi\cos\delta\sin\omega_s)$$

$$= \frac{1440}{\pi} \times 0.0820 \times 0.969 \times (1.812 \times \sin0.567\sin0.359 +$$

$$\cos0.567\cos0.359\sin1.812)$$

$$= 40.40(MJ/(m^2 \cdot d))$$

当日日照时数 n 为 8.9 h，$N = \frac{24}{\pi}\omega_s = \frac{24}{\pi} \times 1.812 = 13.85$（h），取 $a_s = 0.15$，$b_s =$

0.54，则根据式（3-14）、式（3-15）有

$$R_s = \left(a_s + b_s \frac{n}{N}\right)R_a = \left(0.15 + 0.54 \times \frac{8.9}{13.85}\right) \times 40.40 = 20.08((MJ/(m^2 \cdot d)))$$

$$R_{s0} = (a_s + b_s)R_a = (0.15 + 0.54) \times 40.40 = 27.88(MJ/(m^2 \cdot d))$$

又

$$T_{max,K} = T_{max} + 237.16 = 34.4 + 237.16 = 271.56 \ (K)$$

$$T_{min,K} = T_{min} + 237.16 = 26.2 + 237.16 = 263.36(K)$$

根据式（3-13）有

$$R_n = 0.77R_s - 4.903 \times 10^{-9}\left(\frac{T_{max,K}^4 + T_{min,K}^4}{2}\right)(0.34 - 0.14\sqrt{e_a})\left(1.35\frac{R_s}{R_{s0}} - 0.35\right)$$

$$= 0.77 \times 20.08 - 4.903 \times 10^{-9} \times \left(\frac{271.56^4 + 263.36^4}{2}\right) \times (0.34 - 0.14\sqrt{3.315}) \times$$

$$\left(1.35 \times \frac{20.08}{27.88} - 0.35\right)$$

$$= 14.129(MJ/(m^2 \cdot d))$$

（4）计算 G。

已知 20 日和 19 日的日平均气温分别为 29.3 ℃和 30 ℃，根据式（3-17）有

$$G = 0.38(T_{d,20} - T_{d,19}) = 0.38 \times (29.3 - 30) = -0.266(MJ/(m^2 \cdot d))$$

（5）计算 u_2。

已知 10 m 高风速为 2.5 m/s，该地海拔高度为 5.4 m，则根据式（3-19）有

$$u_2 = u_Z \frac{4.87}{\ln(67.8Z - 5.42)} = 2.5\frac{4.87}{\ln(67.8 \times 5.4 - 5.42)} = 2.07(m/s)$$

（6）计算 Δ。

已知 7 月 20 日平均气温为 29.3 ℃，根据式（3-20）有

$$\Delta = \frac{4\,098\left(0.610\,8\exp\frac{17.27T}{T + 237.3}\right)}{(T + 237.3)^2} = \frac{4\,098 \times \left(0.610\,8\exp\frac{17.27 \times 29.3}{29.3 + 237.3}\right)}{(29.3 + 237.3)^2}$$

$$= 0.235(kPa/℃)$$

（7）计算 ET_0。

根据上述计算及式（3-6）有

$$ET_0 = \frac{0.408\Delta(R_n - G) + \gamma\frac{900}{T + 273}u_2(e_s - e_a)}{\Delta + \gamma(1 + 0.34u_2)}$$

$$= \frac{0.408 \times 0.235 \times (14.129 + 0.266) + 0.067 \times \frac{900}{29.3 + 273} \times 2.07 \times (4.420 - 3.315)}{0.235 + 0.067 \times (1 + 0.34 \times 2.07)}$$

$$= 5.26(mm/d)$$

因此，该地 2010 年 7 月 20 日参照腾发量为 5.26 mm/d。

（8）确定作物系数 K_c。

根据已知条件及式（3-22）有

$$K_c = K_{cb}K_s + K_w = 1.1 \times 1 + 0 = 1.1$$

（9）计算作物需水量 E。

根据式（3-21）有

$$E = K_c ET_0 = 1.1 \times 5.26 = 5.8 (\text{mm/d})$$

因此，该日棉花的日需水量为 5.8 mm/d。

第二节　旱作物的灌溉制度

一、灌溉制度的概念

作物的灌溉制度是指为了达到满足作物正常生长需要而制订的适时适量进行灌溉的方案。灌溉制度的内容一般包括作物播前及全生育期内的灌水次数、灌水时间、灌水定额和灌溉定额。灌水定额是指一次灌水单位灌溉面积上的灌水量，灌水定额的单位可采用 $\text{m}^3/$ 亩、m^3/hm^2 或 mm，其换算关系为：15 $\text{m}^3/\text{hm}^2 = 1\ \text{m}^3/$ 亩 $= 1.5$ mm，1 mm $= 0.667\ \text{m}^3/$ 亩 $= 10\ \text{m}^3/\text{hm}^2$。生育期内各次灌水的灌水定额之和称为灌溉定额，生育期内灌溉定额与播前灌水定额之和称为总灌溉定额。

灌溉制度是规划和设计灌溉工程的基本资料，是编制和执行灌区用水计划的重要依据。确定灌溉制度的方法有以下三种：

（1）总结群众丰产灌水经验。群众在长期的灌溉实践中，积累了许多丰产灌水经验，这些经验是制订灌溉制度的重要依据。

（2）根据灌溉试验资料确定灌溉制度。我国许多地区设置了农田水利试验站或灌溉试验站，这些试验站积累了丰富的灌溉制度试验成果，因此可以参考这些试验成果确定灌溉制度。需要注意的是，试验成果的应用需考虑适用条件，不能盲目照搬。

（3）根据水量平衡原理分析制订灌溉制度。这种方法是灌溉工程规划设计及运行管理阶段确定灌溉制度最常用的方法。根据水量平衡原理分析制订作物灌溉制度时，一定要参考群众的丰产灌水经验和灌溉试验资料，这样所制订的灌溉制度才比较完善。

二、根据水量平衡原理确定旱作物灌溉制度

（一）旱作物播前灌水定额

播前灌水定额可根据当地耕作经验确定，也可根据下式进行计算

$$M_1 = 667\gamma H(\theta_{\max} - \theta_0) \tag{3-25}$$

式中　M_1——播前灌水定额，$\text{m}^3/$ 亩；

　　　γ——计划湿润层内的土壤平均容重，t/m^3；

　　　H——土壤计划湿润层深度，根据作物主要根系活动层深度确定，m；

　　　$\theta_{\max}$——H 深度内土壤田间持水率（占干土重的百分比）；

　　　θ_0——H 深度内播前土壤平均含水率（占干土重的百分比）。

（二）旱作物生育期灌溉制度

1. 生育期水量平衡方程

旱作物田间水量平衡方程是反映某时段内计划湿润层中储水量消长情况的水量平衡方

程，时段长一般采用旬或 5 d，计划湿润层是指计划要控制和调节土壤含水率的土层，一般旱作物初期计划湿润层深为 0.3～0.4 m，中后期计划湿润层深为 0.4～0.8 m。在旱作物生长的任何一个时段内，土壤计划湿润层内的水量消长可采用以下水量平衡方程表示

$$W_2 = W_1 + P_0 + K + W_g + m - E - f \tag{3-26}$$

式中　W_1、W_2——时段初、末计划湿润层内的储水量，$m^3/$亩；

　　　　P_0——降水入渗水量，$m^3/$亩；

　　　　K——时段内地下水补给量，$m^3/$亩；

　　　　W_g——时段内由于计划湿润层加深而增加的水量，$m^3/$亩；

　　　　m——时段内灌水量，$m^3/$亩；

　　　　E——时段内作物需水量（腾发量），$m^3/$亩，$E = 0.667eT$，e 为需水强度，

　　　　　　mm/d，T 为时段内天数，d；

　　　　f——时段内深层渗漏量，$m^3/$亩。

　　式（3-26）中 E 按前面介绍的方法计算确定，m 和 f 是待定值，因此下面仅对 P_0、K 和 W_g 作进一步说明。

　　（1）降水入渗水量 P_0。降水入渗水量可按下式计算

$$P_0 = 0.667\alpha P \tag{3-27}$$

式中　α——降水入渗系数；

　　　　P——实际降水量，mm。

　　降水入渗系数大小与降水强度、土壤性质和地形地貌等因素有关。在实际应用中，一般仅根据降水量大小确定。根据经验：$P < 5$ mm 时，$\alpha = 0$；5 mm $< P \leqslant 50$ mm 时，$\alpha = 1.0～0.80$；$P > 50$ mm 时，$\alpha = 0.7～0.8$。

　　（2）地下水补给量 K。地下水补给量是指地下水借助土壤毛细管作用上升至作物根系活动层，可被作物利用的水量。地下水补给量与地下水埋深、土壤性质、作物种类、计划湿润层含水率有关。由于地下水位是经常变化的，各生育阶段计划湿润层深也不一定相同，因此地下水补给量也不是一个常数，一般通过试验确定。

　　（3）因计划湿润层加深而增加的水量 W_g。在作物生育期的初期，随着作物根系的加深，计划湿润层的深度也是逐渐加深的，这样可以利用一部分深层土壤原有的储水量，这部分增加的含水量可以按下式计算

$$W_g = 667\gamma(H_2 - H_1)\bar{\theta} \tag{3-28}$$

式中　H_1、H_2——时段初、末计划湿润层深度，m；

　　　　$\bar{\theta}$——（$H_2 - H_1$）土层中平均含水率（占干土重的百分比），取时段初和时段末计划湿润层内土壤含水率的平均值。

2. 生育期灌溉制度

　　为了满足农作物正常生长的需要，各时段土壤计划湿润层的储水量应保持在一定的适宜范围，既要求不小于土壤适宜含水量下限（W_{min}），也不大于土壤适宜含水量上限（W_{max}）。W_{min} 和 W_{max} 按以下公式计算

$$W_{min} = 667\gamma H\theta_{min} \tag{3-29}$$

$$W_{\max} = 667\gamma H\theta_{\max} \tag{3-30}$$

式中　H——计划湿润层深度，m；

　　　$\theta_{\min}$——适宜含水率下限（干土重的百分比）；

　　　$\theta_{\max}$——适宜含水率上限（干土重的百分比）。

一般适宜含水率下限不小于凋萎系数，适宜含水率上限不大于田间持水率，适宜含水率下限和上限越靠近作物最佳含水率，越有利于作物的生长，但是灌水就越频繁，因此应根据具体情况确定适宜含水率上、下限。表3-6给出了部分作物土壤计划湿润层深度和适宜含水率，可供参考。

表3-6　部分作物土壤计划湿润层深度和适宜含水率

作物种类	生育阶段	土壤计划湿润层深度（m）	土壤适宜含水率（以田间持水率的百分数计,%）
冬小麦	出苗期	0.3 ~ 0.4	45 ~ 60
	三叶期	0.3 ~ 0.4	45 ~ 60
	分蘖期	0.4 ~ 0.5	45 ~ 60
	拔节期	0.5 ~ 0.6	45 ~ 60
	抽穗期	0.5 ~ 0.8	60 ~ 75
	开花期	0.6 ~ 1	60 ~ 75
	成熟期	0.6 ~ 1	60 ~ 75
棉花	幼苗期	0.3 ~ 0.4	55 ~ 70
	现蕾期	0.4 ~ 0.6	60 ~ 70
	开花期	0.6 ~ 0.8	70 ~ 80
	吐絮期	0.6 ~ 0.8	50 ~ 70
玉米	播种期	—	60 ~ 80
	幼苗期	0.3 ~ 0.4	55 ~ 60
	拔节期	0.4 ~ 0.5	60 ~ 70
	孕穗期	0.5 ~ 0.6	60 ~ 70
	抽穗期	0.6 ~ 0.8	70 ~ 75
	成熟期	0.8	70 左右

在推算灌溉制度时，先假设该时段不需灌溉，也没有深层渗漏，则时段末的计划湿润层中的储水量为

$$W_2 = W_1 + P_0 + K + W_g - E \tag{3-31}$$

若 $W_2 \leqslant W_{\min}$，则需进行灌水，灌水定额为 $m = W_{\max} - W_2$，实际应用时一般对 m 适当取整，例如，若计算得 $m = 32.5 \text{ m}^3/$亩，可取 30 m³/亩。灌水后该时段末的计划湿润层中的储水量为 $W_2' = W_2 + m$。

若 $W_2 > W_f$（田间持水量），则会发生深层渗漏，渗漏量为 $d = W_2 - W_f$，一般假定渗漏过程在本时段完成，则该时段末的计划湿润层中的储水量为 $W_2 = W_f$。

若 $W_{\min} < W_2 \leqslant W_f$，则不需灌水，也不发生深层渗漏，直接进入下一时段。

【例3-2】　已知该地区土壤为砂壤土，土壤容重为 1.45 g/cm³，田间持水率为 22%（重量含水率），凋萎系数为 6.5%（重量含水率）。地下水埋深较深，可不考虑地下水补

给量。棉花全生育期分 4 个生育阶段，即幼苗期、现蕾期、开花结铃期和吐絮期。现蕾期和开花结铃期适宜含水率上限宜取田间持水率，下限取田间持水率的 65%，计划湿润层深、需水强度、降水入渗水量见表 3-7。现蕾期初（幼苗期末）计划湿润层深为 0.45 m，计划湿润层含水量为 80.08 m³/亩。试计算某地区棉花现蕾期和开花结铃期灌溉制度。

表 3-7　棉花灌溉制度计算表

生育期	日期（月-日）	天数（d）	H（m）	W_{max}（m³/亩）	W_{min}（m³/亩）	e（mm/d）	E（m³/亩）	W_g（m³/亩）	P_0（m³/亩）	W_1/W_2（m³/亩）	m（m³/亩）	d（m³/亩）
(1)	(2)	(3)	(4)	(5)	(6)		(11)	(12)	(13)	(14)	(14)	(15)
现蕾期	06-17~20	4	0.46	97.88	63.62	3.50	9.34	1.70		72.44		
	06-21~25	5	0.47	100.00	65.00	3.50	11.67	1.70	9.2	71.67		
	06-26~30	5	0.48	102.13	66.39	3.50	11.67	1.70		101.70	40	
	07-01~05	5	0.49	104.26	67.77	3.50	11.67	1.70		91.73		
	07-06~10	5	0.50	106.39	69.15	3.50	11.67	1.70		81.76		
	07-11~15	5	0.51	108.51	70.53	3.50	11.67	1.70	15.7	87.49		
	07-16~20	5	0.52	110.64	71.92	3.50	11.67	1.70		77.52		
	07-21~25	5	0.53	112.77	73.30	3.50	11.67	1.70	10.5	78.05		
	07-26~28	3	0.54	114.90	74.68	3.50	7.00	1.70	6.7	79.45		
开花结铃期	07-29~31	3	0.55	117.03	76.07	4.50	9.00	1.70		112.15	40	
	08-01~05	5	0.56	119.15	77.45	4.50	15.01	1.70		98.84		
	08-06~10	5	0.57	121.28	78.83	4.50	15.01	1.70	10.5	96.04		
	08-11~15	5	0.58	123.41	80.22	4.50	15.01	1.70	52.6	123.41		11.92
	08-16~20	5	0.59	125.54	81.60	4.50	15.01	1.70		110.11		
	08-21~26	6	0.60	127.66	82.98	4.50	18.01	1.70		93.80		

解：各时段计划湿润层含水量下限和上限分别按式（3-29）、式（3-30）计算；因计划湿润层增加而增加的储水量按式（3-28）计算；旬末储水量按式（3-31）计算。根据计算结果判断是否需要灌水或是否发生深层渗漏。若需灌水，则确定灌水定额，若发生深层渗漏，则确定深层渗漏量，最后确定旬末计划湿润层实际储水量。

现以现蕾期第 1 时段（6 月 17~20 日）为例，说明计算过程：

计划湿润层适宜含水率下限和上限分别为

$$\theta_{min} = 22\% \times 65\% = 14.3\%, \theta_{max} = 22\%$$

分别按式（3-29）、式（3-30）计算计划湿润层适宜含水量下限和上限

$$W_{min} = 667\gamma H\theta_{min} = 667 \times 1.45 \times 0.46 \times 14.3\% = 63.62(\text{m}^3/\text{亩})$$

$$W_{max} = 667\gamma H\theta_{max} = 667 \times 1.45 \times 0.46 \times 22\% = 97.88(\text{m}^3/\text{亩})$$

作物需水量为 $E = 0.667 \times 3.5 \times 4 = 9.34$（m³/亩）

按式（3-28）计算因计划湿润层增加而增加的含水量为

$$W_g = 667 \times 1.45 \times (0.46 - 0.45) \times \frac{14.3\% + 20.9\%}{2} = 1.70(\text{m}^3/\text{亩})$$

按式（3-31）计算该时段末计划湿润层内含水量为

$$W_2 = 80.08 + 0 + 0 + 1.70 - 9.34 = 72.44(\text{m}^3/\text{亩})$$

因 W_2 大于 W_{min}，所以该时段不需要灌水。

其他各时段计算方法与此类似。现蕾期和开花结铃期灌溉制度计算成果见表3-7。根据计算结果，7月26日~6月30日和7月29日~7月31日各灌一次水，灌水定额均为40 $\text{m}^3/$亩，8月11日~8月15日期间，发生渗层渗漏，渗层渗漏量为11.92 $\text{m}^3/$亩。

三、我国主要旱作物的节水型灌溉制度

（一）小麦节水型灌溉制度

1. 冬小麦节水型灌溉制度

冬小麦是我国主要的粮食作物之一，生长期很长，一般为240~260 d，每年9月下旬至10月下旬播种，次年5月下旬至6月中旬收割。我国是一个季风气候国家，冬小麦的生长期正是少雨季节，灌溉是冬小麦获得高产的重要保证。但是在我国北方地区，水资源较为短缺，如果采用充分灌溉，既不现实也不经济。在这种情况下就应按照节水高效的灌溉制度进行灌溉，把有限的水量在冬小麦生育期内进行最优分配，确保冬小麦水分敏感期的用水，减少对水分非敏感期的供水，此时所寻求的不再是丰产灌溉时的单产最高，而是在水量有限条件下的全灌区总产量（值）最大。我国冬小麦主产区是我国水资源最紧缺地区之一，因此多年来开展了大量有关冬小麦节水高效灌溉制度的研究，取得了许多行之有效的成果。表3-8~表3-11列出了河南、山东、陕西、新疆等地冬小麦节水高效灌溉制度，以供参考。

表3-8　河南省冬小麦节水高效灌溉制度

分区	水文年份	各生育阶段灌水定额（m³/亩）						灌溉定额（m³/亩）	产量水平（kg/亩）
		苗期—越冬	返青	拔节	穗花	灌浆	乳熟		
豫北平原	湿润年	50		60				110	460
	一般年	50	70	60				180	480
	干旱年	50	70	80	50			250	450
豫中、豫东平原	湿润年	50		50				100	450
	一般年	50	50	60				160	460
	干旱年	50	60	70	45			225	430
豫南平原	湿润年	50						50	460
	一般年	50		60				110	480
	干旱年	50	50	60				160	450
南阳盆地	湿润年	50		50				100	420
	一般年	50		70				120	410
	干旱年	50	60	70				180	400

表3-9　山东省分区冬小麦节水高效灌溉制度

分区	水文年份	各生育阶段灌水定额（m³/亩）						灌溉定额（m³/亩）	产量水平（kg/亩）
		分蘖（冬灌）	返青	拔节	穗花	灌浆	乳熟		
鲁西北、鲁西南	湿润年	60		60		60		180	480
	一般年	60	60		60	60		240	450
	干旱年	60	60	60		60	60	300	400
胶东、鲁中、鲁东南	湿润年			40		40		80	430
	一般年	40		40		40		120	400
	干旱年	40		40		40	40	160	380

表3-10　陕西省部分地区冬小麦节水高效灌溉制度

分区	水文年份	各生育阶段灌水定额（m³/亩）						灌水次数	灌溉定额（m³/亩）
		分蘖（冬灌）	返青	拔节	穗花	灌浆	乳熟		
榆林西北地区	湿润年	40			40	40		3	120
	一般年	40			40	40、40	40	5	200
	干旱年	40		40	40	40、40	40	6	240
关中东部渭河南地区	湿润年	50						1	50
	一般年	50		40				2	90
	干旱年	50		40				2	90
汉中南安康南地区	湿润年							0	0
	一般年	40						1	40
	干旱年	40						1	40

表3-11　新疆冬小麦畦灌节水高效灌溉制度

生育阶段	播前	分蘖—越冬	返青	拔节	抽穗	灌浆—成熟	灌溉定额（m³/亩）
起止时间（月-日）	09-01~20	10-20~11-20	03-20~30	04-20~30	05-10~20	05-26~06-10	
灌水定额（m³/亩）	70	70	50	50	50	50	340

2. 春小麦节水型灌溉制度

我国春小麦主要分布在东北、内蒙古东部、宁夏、青海、新疆、甘肃河西走廊以及西藏等地区。除新疆、甘肃河西走廊和西藏一些地区比较干旱，全生育期灌水次数较多，灌溉定额较大外，其余地区春小麦生长后期都有一定降雨，但前期、中期多干旱缺雨，所以更要抓拔节期和孕穗期灌水。表3-12和表3-13是几个地区较为节水经济的春小麦灌溉制度，以供参考。

表3-12　山西省及内蒙古巴盟地区春小麦节水高效灌溉制度

分区	水文年份	各生育阶段灌水定额（m³/亩）					灌溉定额（m³/亩）	产量水平（kg/亩）
		苗期	分蘖	拔节	抽穗	灌浆		
山西省	湿润年	50	50	55			155	300
	一般年	45	40	45	45		175	280
	干旱年	50	45	50	50		195	250
巴盟河套灌区	湿润年							
	一般年		60	52	60		172	352
	干旱年		50	55	60	57	222	401

表3-13　宁夏银北地区春小麦节水高效灌溉制度

项目	灌水时期					
	冬水	分蘖	拔节—孕穗	灌浆	麦黄	灌溉定额
灌水定额（m³/亩）	90	60	0	60	0	210

（二）玉米节水型灌溉制度

各地的试验统计资料表明，不论是春玉米还是夏玉米，其生育期中的关键灌水时期一是抽雄—开花期，二是播种期。抽雄期受旱对产量影响最大。春玉米的播种—出苗期（4~6月）降雨量较少，保证播前有充足水分状况，能促成玉米全苗和壮苗。因此，在制订节水高效灌溉制度时，一定要保证抽雄期前后和播种期的用水。

据各地玉米灌溉经验，在水源供水不足时，应特别注意抓住以下几次关键灌水：

（1）播前灌水。玉米种子发芽出苗的最适宜土壤含水率为田间持水率的60%~70%。我国北方春玉米区播种时常遇干旱，需进行播前灌溉。春玉米播前灌溉最好在头年封冻前进行冬灌，灌水定额一般为50 m³/亩左右。若不能进行冬灌，就在早春解冻时及早进行春灌，灌水定额要小一些，以30~45 m³/亩为宜，以免土壤水分过高，推迟播种出苗。

夏玉米播种时，气温高，麦收后常因土壤过干而不能及时播种，就需进行播前灌溉。通常，夏玉米播前灌水有三种方式：①在麦收前约10 d灌一次麦黄水，既可增加小麦粒重，又可在麦收后抢墒早播玉米；②麦收后灌茬水，灌水定额为30~40 m³/亩，不可过大，以免积水或浇后遇雨，延迟播种；③在麦收后，先整地再开沟，进行沟灌或喷灌，灌水定额为15 m³/亩即可。

（2）拔节—孕穗期灌水。春玉米出苗后35 d左右，夏玉米出苗后20多d开始拔节。此时如干旱缺水，则植株生长不良，并影响幼穗的分化发育，甚至雌穗不能形成果穗，雄穗不能抽出而成卡脖旱，造成严重减产。一般土壤含水率应保持在田间持水率的70%左右。灌水定额为40 m³/亩左右，不宜过大，以免引起植株徒长和倒伏，并宜采用隔沟灌灌溉方法。

（3）抽穗—开花期灌水。此时期日需水量最高，是需水临界期，要求土壤含水率保持在田间持水率的 70% ~ 80%，空气相对湿度为 70% ~ 90%。若该时期缺雨，天气干旱，往往需每 5 ~ 6 d 就要灌一次水，一般需连灌两三次才能满足抽穗开花和受粉的需要。其灌水定额为 40 ~ 50 m³/亩。

（4）灌浆—成熟期灌水。玉米受粉后到蜡熟期是籽粒形成时期，茎叶中的可溶性养分大量向果穗输送，适宜的水分条件能促进灌浆饱满。此时，土壤水分应保持在田间持水率的 75% 左右。若遇土壤水分不足应及时灌水，但灌水定额不宜过大，以免引起烂根、早枯或灌后遇雨而引起倒伏，一般灌水定额为 30 ~ 40 m³/亩。

表 3-14 ~ 表 3-17 是几个地区夏玉米和春玉米的节水型灌溉制度，以供参考。

表 3-14　河南省夏玉米节水高效灌溉制度及产量水平

| 分区 | 水文年份 | 各生育阶段灌水定额（m³/亩） | | | | | 灌溉定额（m³/亩） | 产量水平（kg/亩） |
		播前	苗期	拔节	抽雄	灌浆		
豫北平原	湿润年				70		70	480
	一般年		50		70		120	500
	干旱年	50		60	70		180	470
豫中、豫东平原	湿润年				60		60	470
	一般年		50		60		110	480
	干旱年	50		60	60		170	450
豫南平原	湿润年				50		50	480
	一般年		50		50		100	500
	干旱年	50		50	50		150	470
南阳盆地	湿润年				50		50	440
	一般年		45		50		95	430
	干旱年	50		60	50		160	420

表 3-15　山东省夏玉米节水高效灌溉制度及产量水平

| 分区 | 水文年份 | 各生育阶段灌水定额（m³/亩） | | | | | 灌溉定额（m³/亩） | 产量水平（kg/亩） |
		播前	苗期	拔节	抽雄	灌浆		
鲁西北、鲁西南	湿润年						0	700
	一般年		60			60	120	650
	干旱年	60		60		60	180	600
胶东、鲁中、鲁东南	湿润年			40			40	600
	一般年			40		40	80	550
	干旱年	40		40	40		120	500

表 3-16　河北省春玉米节水高效灌溉制度

分区	水文年份	各生育阶段灌水定额（m³/亩）				灌溉定额（m³/亩）	产量水平（kg/亩）
		播前	拔节	抽雄	灌浆		
冀西北山间盆地区	湿润年	40		40		80	
	一般年	40	40	40		120	350
	干旱年	40	40	40	40	160	

表 3-17　山西省春玉米节水高效灌溉制度及产量水平

水文年份	各生育阶段灌水定额（m³/亩）						灌溉定额（m³/亩）	产量水平（kg/亩）
	播种	苗期	拔节	孕穗	开花	灌浆		
湿润年			50				50	650
一般年			60		55		115	600
干旱年			60		50	50	160	550

（三）棉花节水型灌溉制度

1. 储水灌溉

我国北方主要棉区冬春雨雪少，春季蒸发大，为保证棉花及时播种和苗期需水要求，需在冬季或早春进行储水灌溉。

冬季储水灌溉除提供播种发芽和苗期所需水分外，还有提高地温、改良土壤，以及减少病虫害等作用。棉田冬灌可在秋耕后开始，土壤封冻前结束，以夜冻昼消时间最为理想。灌水量以均匀、灌透、地表不积水为原则，灌水定额可稍大些，一般为80 m³/亩左右，并严禁采用大水漫灌方法。在地下水位较高的棉田地区，土壤湿润层深度比地下水埋深至少相差 15~20 cm。冬灌最好结合深耕施基肥进行，灌后应适时耙地保墒。

在未进行冬灌而需春灌时，应抓紧在早春刚解冻时进行，最迟应在播种期前一个月左右进行，春灌灌水定额以40 m³/亩左右为宜。

既未冬灌又未春灌的北方棉田，如有需要可进行播前灌。其灌水时间一般在播种前20 d 到半个月，灌水定额不宜过大，应控制在 30 m³/亩左右。其主要是保证播种时的表土墒，并要求临播前5 cm 土层深度处的地温能恢复到 12 ℃以上，以有利于棉花的发芽出苗。

2. 生长期灌溉

棉花生长期灌溉，应根据各生育阶段的需水规律和气候、土壤墒情、棉株形态表现以及水分生理指标等适时适量实施。

（1）苗期灌溉。棉花苗期气温不高，棉苗小，需水少。南方棉区苗期水多，不需灌溉而应注意排水。北方已进行过储水灌溉的棉田，苗期一般也无须灌水，应适当蹲苗。若未进行储水灌溉，天气又特别干旱，棉苗生长迟缓，表现出缺水，则可及时灌水，但灌水定额要小，以 20 ~ 25 m³/亩为宜，应采用隔沟小水轻灌。北方棉麦套种田，若缺水，可结合小麦灌浆水或麦黄水灌溉，同时灌溉棉苗。

（2）蕾期灌溉。北方棉区正值麦收季节，易干旱，常需灌溉，但蕾期灌水必须注意稳长、增蕾。如土壤肥沃，叶色浓绿，棉花生长旺盛或正常，即使天旱，仍应继续蹲苗而不灌水，或推迟灌水。如土壤肥力低，水分低于适宜土壤含水率下限，植株生长缓慢，主茎顶端由绿转红，中午叶片有萎蔫现象，应及时灌水。在灌头水后，若天气持续干旱，还应连灌 2 水或 3 水。蕾期灌水定额应小，一般为 20 ~ 30 m³/亩，宜采用隔沟灌，要注意避免灌后遇雨。南方棉区蕾期正值梅雨季节，但有时盛蕾以后遇伏旱，也需适当灌水。

（3）花铃期灌溉。棉花花铃期时间长，气温高，植株生育旺盛，是全生育期中需水最多，也是对缺水最敏感的时期，是棉花灌水的主要时期。花铃期灌水时间的掌握，各地经验一般认为，当棉株形态出现以下征状时，应立即灌水：①上部叶子变小，叶色变深（暗绿），叶片失去光泽和向阳性，中午萎蔫，叶脉不易折断；②生长缓慢，顶尖比果枝低；③主茎节间变短，颜色变红，上面绿色部分长度不到 10 cm；④开花节位上升，最上一朵花离顶端不到六节。另外，可依据叶水势、叶细胞液浓度等水分生理指标确定灌水适宜时间。花铃期灌水定额为 40 ~ 50 m³/亩，一般采用逐沟灌法。

（4）吐絮期灌溉。棉花开始吐絮后，气温逐渐降低，棉株需水减少，一般无须灌溉。但吐絮初期如遇干旱仍应适量灌溉，以防棉株早衰，保证棉铃和棉纤维正常成熟。灌水定额应控制在 30 m³/亩左右。灌水量不可过大，以防土壤水分过多，导致棉株贪青迟熟，增加烂铃，造成减产。

部分地区不同水文年份的棉花节水型灌溉制度见表 3-18 ~ 表 3-21，以供参考。总之，棉花的灌溉制度要特别注意天气变化，主要抓开花结铃期的灌水，并以小定额轻浇浅灌为宜，应以增蕾、早开花、早结铃、多结铃为实施节水灌溉的依据。

表 3-18　河北省棉花节水高效灌溉制度

分区	水文年份	各生育阶段灌水定额（m³/亩）		灌溉定额（m³/亩）	产量水平（kg/亩）
		苗期	开花现蕾		
太行山山前平原区	湿润年	30		30	97
	一般年	30	30	60	93
	干旱年	40	40	80	91
低平原区	湿润年				64
	一般年		40	40	83
	干旱年	40	40	80	91

表3-19　河南省棉花节水高效灌溉制度及产量水平

分区	水文年份	各生育阶段灌水定额（m³/亩）					灌溉定额（m³/亩）	产量水平（kg/亩）
		播前	苗期	现蕾	开花	结铃		
豫北平原	湿润年				70		70	
	一般年		55		70		125	
	干旱年	55		65	70		190	
豫中、豫东平原	湿润年				60		60	80
	一般年		55		60		115	75
	干旱年	55		65	60		180	80
豫南平原	湿润年				50		50	
	一般年		55		50		105	
	干旱年	55		55	50		160	

表3-20　山东省棉花节水高效灌溉制度及产量水平

分区	水文年份	各生育阶段灌水定额（m³/亩）					灌溉定额（m³/亩）	产量水平（kg/亩）
		播前	苗期	现蕾	开花	结铃		
鲁西北、鲁西南	湿润年	60				60	120	
	一般年	60		60		60	180	
	干旱年	60	60	60	60	60	300	

表3-21　山西省棉花节水高效灌溉制度及产量水平

水文年份	各生育阶段灌水定额（m³/亩）					灌溉定额（m³/亩）	产量水平（kg/亩）
	播前	苗期	现蕾	开花	结铃		
湿润年				40		40	70
一般年			45	45		90	65
干旱年			40	40	40	120	60

四、调亏灌溉方法

（一）调亏灌溉节水机理

所谓调亏灌溉（Regulated Deficit Irrigation，RDI），是20世纪70年代在对桃树和梨树等果树的研究基础上发展起来的一种新型节水灌溉技术，其基本思路是根据作物的遗传和生物学特性，在生育期内的某些阶段，人为地、有目的地、主动地减少灌水量，造成作物受到一定程度的水分胁迫（亏缺），以调整光合产物向不同组织器官的分配，调控作物生长状态，促进生殖生长，控制营养生长的灌溉方法。

现以果树为例，说明调亏灌溉的节水机理。按果实生长曲线可把生长季节划分为 3 个阶段（见图3-2）：第 1 阶段和第 3 阶段果实生长较快，而第 2 阶段果实生长相对缓慢，尤其是第 3 阶段，由于果实细胞迅速膨大，此阶段的果实生长量可占收获时果实重量的 75% 以上。相对应地，枝条在第 1 阶段和第 2 阶段生长很快，绝大部分枝条生长在此两阶段完成，而到第 3 阶段已经基本停止生长。果树的这种生长生理特点为实现果树 RDI 技术提供切实可行的基础条件，即在果树果实生长的第 1 阶段后期（约开花后 4 周）和第 2 阶段（称为调亏时段或 RDI 时段）严格控制灌溉次数及灌溉水量，使植株承受一定的水分胁迫，控制植株性生长，到第 3 阶段，对植株恢复充分灌溉，使果实迅速膨大。

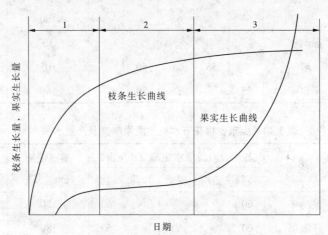

图 3-2　枝条生长曲线和果实生长曲线示意图

可见，调亏灌溉的主要手段是在作物的非需水临界期，尤其是营养生长旺盛期适度亏水，而在作物的需水临界期给予充分供水，这样就使作物建立了一套适应干旱的机制，提高了作物的抗旱能力，同时通过调节作物自身的生理生化过程，改变光合产物的代谢和运集中心，同时提高了作物产量和水分利用效率。

调亏灌溉作为一种新的节水灌溉技术，国外研究较多的是调亏灌溉在果树上的应用。我国从 20 世纪 80 年代末开始研究调亏灌溉技术，并将其应用范围由果树、蔬菜，推广到冬小麦、玉米和棉花等主要农作物。研究结果表明，与充分灌溉相比，大田作物调亏灌溉同样具有节水增产作用。在水资源短缺地区，推广调亏灌溉技术，对缓解水资源短缺的矛盾和实现农业可持续发展具有重要意义。

（二）主要旱作物调亏灌溉方案

山西省洪洞县霍泉灌区李堡试验区、西北农林科技大学节水灌溉试验站、陕西省长武县王东沟中国科学院农业生态试验站、河北栾城中国科学院农业生态试验站、甘肃河西民勤沙漠绿洲区小坝口灌溉试验站、新疆维吾尔自治区乌兰乌苏农业气象试验站等地对调亏灌溉的关键技术进行大量的试验研究，取得了如下不同的大田作物调亏灌溉方案，可供类似地区参考。

1. 冬小麦调亏灌溉方案

（1）冬小麦不同生长阶段缺水敏感性指数最高值和次高值出现在拔节—抽穗期和

抽穗—灌浆期。如果抽穗—灌浆期土壤水分供应充足，后期不再灌水，一般不会对小麦产量造成多大影响；相反，小麦生长后期过量灌水或土壤水分过高，特别是灌浆后进入蜡熟期，还会造成小麦倒伏和贪青晚熟，使千粒重减轻，反而会严重影响小麦产量。

（2）冬小麦不同生育期的适宜调亏下限指标是：越冬前 0～50 cm 土层含水率不低于田间持水率的 60%；返青—拔节期 0～50 cm 土层含水率不低于 55% 的田间持水率，但高于 80%～85% 田间持水率时，随着土壤含水率的增加，产量会降低。拔节期间 0～50 cm 土壤含水率应高于田间持水率的 65%，孕穗期间 0～80 cm 土壤含水率应不低于 60% 的田间持水率，抽穗—灌浆前期应维持 0～100 cm 土壤含水率高于 60% 的田间持水率，而灌浆后期低于 50%～55% 的田间持水率也不会造成冬小麦明显减产。

（3）在北方冬麦区，冬小麦调亏灌溉制度应是：一般降水年份灌 2 次水，分别在越冬前和拔节期。如果播种后降水多，越冬时土壤墒情好，可以不冬灌，春季早灌，然后在拔节后期至孕穗期再灌 1 次水。干旱年份灌 3 次水，除越冬水和拔节水外，如果降水少，在抽穗期和开花期需要再进行 1 次灌溉；湿润年份灌 1 次水，如果遇上多雨年份，结合追肥，冬小麦拔节期灌 1 次水即可。每次灌水量为 60～80 mm。采用如上冬小麦调亏灌水制度，可显著地提高农田水分利用效率。

2. 大田玉米调亏灌溉方案

（1）玉米苗期调亏可在一定时间范围内降低株高及叶面积，但由于作物生长的补偿作用，调亏结束后复水可增加其生长速度，使其基本等同于一直充分供水的植株。苗期调亏虽然不能增加根系绝对长度和绝对重量，但可增加根系活力，促使根系向下生长，增强抗旱性，增加植株抵御水分亏缺的能力，利于作物后期吸收更多的水分和养分，达到节水增产增益的目的。从既提高产量，又要提高水分利用效率的角度出发，玉米苗期以中轻度亏水（50% 田间持水率）为宜。

（2）玉米拔节期气温渐高，叶面积增大，耗水量增加，对水分亏缺的敏感性也相应增加，拔节期不适宜的调亏水平却可使玉米产量大幅度降低。因此，此时以轻度亏水为宜（60% 田间持水率）。苗期中轻度亏水＋拔节期轻度亏水是既有利于提高产量，又可提高水分利用效率的调亏灌溉方案，拔节期以后不宜调亏。

（3）覆膜条件下大田玉米调亏灌溉指标，苗期以调亏下限 50% 及 60% 田间持水率为宜。拔节期以 60% 田间持水率下限的中轻度亏水为宜，低于此限将达不到既节水又高产的目的。

3. 大田棉花调亏灌溉方案

（1）在河北栾城站和山西洪洞县示范区的大田试验结果表明，在棉花苗期和吐絮期控制水分供应，棉花产量可显著提高，而花铃期发生水分亏缺，棉花产量降低。山西洪洞县棉花不同生育时期适宜的调亏下限指标是：苗期 0～50 cm 土壤含水率不低于 60% 的田间持水率；现蕾期 0～80 cm 土壤含水率不低于田间持水率的 65%；花铃期是棉花对水分最敏感的时期，其 0～100 cm 土层的含水率不低于田间持水率的 70%；吐絮期 0～80 cm 土壤含水率可降至田间持水率的 45%～50%。棉花的调亏灌溉制度应是，苗期适当控水，蕾期水分供应适当，花铃期充足，吐絮期不灌水。

（2）新疆覆膜棉花从保证高产考虑，可选择采用的调亏灌溉模式是：头水时间在蕾期，但灌水定额适当减小到 525 ~ 600 m^3/hm^2；花铃前灌 2 水，灌水定额为 750 m^3/hm^2；灌 3 水的时间在花铃期，灌水定额为 750 m^3/hm^2。

　　总之，作物早期阶段植株较小，需水强度也小，作物缺水的发展速度比较慢。较慢的水分亏缺发展速度对作物产量的影响较小，调亏灌溉应在作物生长的早期阶段；而在作物生长中期阶段，不适于进行调亏灌溉。

　　调亏灌溉的亏水度应控制在适度缺水的范围内。不同地区、不同作物以及同一种作物的不同阶段，其亏水度的标准都不同。根据对几种不同作物适宜土壤含水率下限的研究，在作物的早期生长阶段，土壤含水率控制在田间持水率的 45% ~ 50%，一般不会对作物产量产生明显的不利影响。由于调亏灌溉是在作物适度缺水的条件下进行的，要充分利用调亏灌溉技术，必须有准确的灌溉决策技术和先进的灌水技术及完善的灌溉系统，否则适度缺水就可能发展成为严重缺水，从而对作物产量造成较大影响。

第四章 地面灌溉渠系及田间工程

第一节 地面灌溉渠系的组成与布置

一、地面灌溉渠系的组成

地面灌溉渠系一般由取水枢纽、灌溉渠道、渠系建筑物和田间灌溉工程四部分组成。灌溉时，从水源取水，通过各级渠道及配套建筑物输、配水，经由田间灌溉工程灌到田间。在我国大部分地区，灌溉和排水缺一不可，干旱季节要灌溉，多雨季节要排水。与渠道系统相对应，明沟排水系统包括田间排水工程、各级排水沟道和接纳排水的容泄区。灌溉渠道系统和排水沟道系统一般是并存的，两者互相配合，协调运行，共同构成完整的灌溉排水系统，见图4-1。

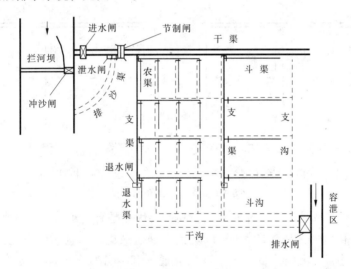

图 4-1 灌排渠系组成示意图

根据灌区的地形条件、控制面积及渠道设计流量的大小，灌溉渠道通常分为干渠、支渠、斗渠、农渠4级固定渠道（即可多年使用的永久性渠道）。与之相对应，排水沟道通常包括干沟、支沟、斗沟、农沟4级固定沟道。地形复杂的大型灌区，还可增设总干渠、分干渠、分支渠等多级渠道。地形平坦的小型灌区，也可少于4级。干、支渠主要起输水作用，称为输水渠道或骨干渠道。斗、农渠主要起配水作用，称为配水渠道。农渠以下的毛渠、输水沟、灌水沟、灌水畦等属田间工程。

二、斗、农渠布置

斗、农渠布置主要取决于具体的水源位置、水源供水能力、地形条件、规划的灌溉区域、原有水系等因素，一般布置在各自控制区域的高处，在长度和间距等方面没有统一的规定。下面主要介绍斗、农渠的布置。

（一）斗、农渠布置形式

由于斗、农渠深入田间，与农业生产要求关系密切，并负有直接向用水单位配水的任务，所以斗、农渠布置应适应农业生产管理和机械耕作的要求；便于配水和灌水，有利于提高灌水工作效率；有利于灌水和耕作的密切配合。

斗、农渠布置有以下两种基本形式：

（1）灌排相邻布置。在地面向一侧倾斜的地区，渠道只能向一侧灌水，排水沟也只能接纳一侧的径流，灌溉渠道和排水沟道只能并行，上灌下排，互相配合。这种布置形式称为灌排相邻布置，见图 4-2(a)。

（2）灌排相间布置。在地形平坦或有微地形起伏的地区，宜把灌溉渠道和排水沟道交错布置，沟、渠都是两侧控制，工程量较省。这种布置形式称为灌排相间布置，见图 4-2(b)。

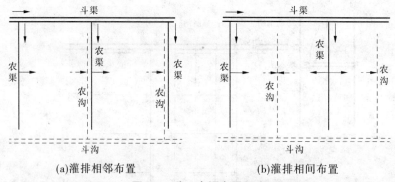

(a)灌排相邻布置　　　　　　　(b)灌排相间布置

图 4-2　斗、农渠布置形式

上述两种布置都是灌排分开的形式，其主要优点是有利于控制地下水位。这不仅对北方干旱、半干旱地区十分重要，可以防止土壤盐碱化，而且对南方地区也很有必要。因为地下水位过高，土温降低、土壤冷浸、通气和养分状况变坏，会严重影响作物生长。同时，因为灌排分开布置可按各自需要分别进行控制，两者没有矛盾，故有利于及时灌排。因此，灌排分开的布置形式是平原地区条田布置的主要形式，应积极推广。

（3）灌排合渠布置。灌排合渠的布置形式，只有在地势较高、地面有相当坡度的丘陵地区或地下水位较低的平原地区才适用。这种形式不利于地下水位的控制，因此在易涝易渍或盐碱危害的地区均不宜采用。

（二）斗、农渠的一般规格

斗渠的长度和控制面积随地形变化很大。山区、丘陵地区的斗渠长度较短，控制面积较小；平原地区的斗渠较长，控制面积较大。我国北方平原地区的一些大型自流灌区的斗渠长度一般为 1 000 ~ 3 000 m，控制面积为 600 ~ 4 000 亩。斗渠的间距主要根据机耕要求确定，与农渠的长度相适应。

农渠是末级固定渠道，控制范围是一个耕作单元。农渠长度根据机耕要求确定，在平原地区通常为 500~1 000 m，间距为 200~400 m，控制面积为 200~600 亩。丘陵地区农渠的长度和控制面积较小。在有控制地下水位要求的地区，农渠间距根据农沟间距确定。

三、渠系建筑物布置

渠系建筑物包括进水闸、分水闸、节制闸、渡槽、倒虹吸、涵洞、农桥、跌水与陡坡、量水建筑物和泄水建筑物等，担负着输送和分配水量、控制渠道水位、量测渠道过水流量、宣泄灌区多余水量以及方便交通等任务。

（一）进水闸和分水闸

自水源河流、水库引水灌溉，需在干渠首端修建进水闸，以控制引水流量，结构形式有开敞式和涵洞式两种。分水闸建在上级渠道向下级渠道分水的地方，其作用是控制和调节向下级渠道的配水流量。一般建于支渠首端的称为分水闸，斗、农渠首端的分水闸习惯上称为斗门、农门。

（二）节制闸

节制闸的作用是根据需要抬高上游渠道的水位或阻止渠水继续流向下游。在下列情况下需要设置节制闸：

（1）在下级渠道中，个别渠道进水口处的设计水位和渠底高程较高，当上级渠道的工作流量小于设计流量时，就进水困难，为了保证该渠道能正常引水灌溉，就要在上级渠道分水口的下游设一节制闸，壅高上游水位，满足下级渠道的引水要求，见图4-3。

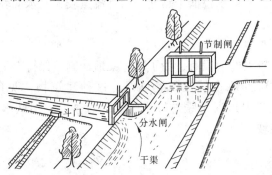

图 4-3　节制闸与分水闸

（2）下级渠道实行轮灌时，需在轮灌组的分界处设置节制闸，在上游渠道轮灌供水期间，用节制闸拦断水流，把全部水量配给上游轮灌组中的各条下级渠道。

（3）为了保护渠道上的重要建筑物或险工渠段，退泄降雨期间汇入上游渠段的暴雨径流，通常在它们的上游设泄水闸，在泄水闸与被保护建筑物之间设节制闸，使多余水量从泄水闸流向天然河道或排水沟道。

（三）渡槽

渠道穿过河沟、道路时，如果渠底高于河沟最高洪水位或渠底高于路面的净空大于行驶车辆要求的安全高度，可架设渡槽，让渠道从河沟、道路的上空通过。渠道穿越洼地时，如采取高填方渠道工程太大，也可采用渡槽。图4-4 表示渠道跨越河沟时的渡槽。

（四）倒虹吸

渠道穿过河沟、道路时，如果渠道水位高出路面或河沟洪水位，但渠底高程却低于路面或河沟洪水位时；或渠底高程虽高于路面，但净空不能满足交通要求时，就要用有压涵管代替渠道，从河沟、道路下面通过，有压涵管的轴线向下弯曲，形似倒虹，故称倒虹吸，见图4-5。

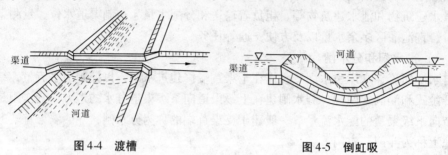

图 4-4　渡槽　　　　　　　　　　图 4-5　倒虹吸

（五）涵洞

渠道与道路相交，渠道水位低于路面，而且流量较小时，常在路面下面埋设平直的管道，叫做涵洞。当渠道与河沟相交，河沟洪水位低于渠底高程，而且河沟洪水流量较小时，可用填方渠道跨越河沟，在填方渠道下面建造排洪涵洞。

（六）农桥

沟渠与道路相交，沟渠水位低于路面，而且流量较大、水面较宽时，要在沟渠上修建桥梁，满足交通要求。

（七）跌水与陡坡

当渠道通过坡度较大的地段时，为了防止渠道冲刷，保持渠道的设计比降，就把渠道分成上、下两段，中间用衔接建筑物联结，这种建筑物常见的有跌水和陡坡，见图4-6和图4-7。一般当渠道通过跌差较小的陡坎时，可采用跌水；跌差较大、地形变化均匀时，多采用陡坡。

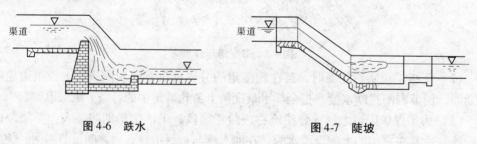

图 4-6　跌水　　　　　　　　　　图 4-7　陡坡

（八）量水建筑物

灌溉工程的正常运行需要控制和量测水量，以便实施科学的用水管理。在各级渠道的进水口需要量测向田间灌溉的水量，在退水渠上要量测渠道退泄的水量。因此，在现代化灌区的建设中，要求在各级渠道进水闸下游布置专用的量水建筑物或量水设备。

（九）泄水建筑物

泄水建筑物的作用在于排除渠道中的余水或坡面入渠洪水，或者当渠道或建筑物发生事故时，作为紧急泄水之用。常见泄水建筑物的形式有泄水闸、退水闸、溢洪堰等。

泄水闸是保证渠道与渠系建筑物安全的水闸，一般应修建在渠道重要建筑物（如渡槽、倒虹吸等）或大填方段的上游，以保护这些重要建筑物或高填方渠段的安全。泄水闸常与节制闸联合修建，配合使用，其闸底高程应低于渠底，以便泄空渠水。

退水闸又名尾水闸，一般设在较大的干、支渠末端，以排泄灌溉余水、腾空渠道。

溢洪堰应设在有洪水汇入的渠段，其堰顶高程与渠道设计水位相平，当洪水入渠、水位上涨时，自动通过堰顶溢流宣泄，以保证渠道安全。

泄水闸、退水闸都应结合排水系统统一规划布置，就近泄入排水沟、河。

第二节　田间工程及田间灌水装置

田间工程是指末级固定渠道（斗渠或农渠）、沟道（斗沟或农沟）控制范围内的永久性或临时性的渠、沟系统及灌排设施。规划田间工程时，必须着眼长远，立足当前，既要充分考虑农业现代化发展要求，又要满足当前农业生产发展的实际需要，全面规划，分期实施，因地制宜进行规划布置。

一、条田规划

条田是指最末一级固定渠道（农渠）和最末一级固定排水沟（农沟）之间所控制的田块，又称方田或灌水耕作区。它是进行农业机械耕作，布设条田内部灌排渠、沟的基本单元，也是作物种植和组织田间灌水、田间管理以及平整土地的基本单位。条田长度、宽度大小应满足下述要求：

（1）应有利于农业机械化耕作。机耕除要求条田形状方整外，还要求有一定的长度。条田太短，农业机械开行长度太小，转弯次数就多，生产效率低，机械磨损大，消耗的燃料也多。若条田控制面积大，会增加土地平整的工程量，田间灌水组织工作也比较复杂。据测定，拖拉机开行长度小于 300 ~ 400 m 时，生产效率显著降低。但当开行长度大于 800 ~ 1 200 m 时，用于转弯的时间损失所占比重很小，提高生产效率的作用已不明显。因此，从有利于机械耕作这一因素考虑，条田长度对于大型农机具以 400 ~ 800 m、中型农机具以 300 ~ 500 m、小型农机具以 200 ~ 300 m 为宜。

（2）要有利于田间管理和灌水。在旱作地区，为使灌水后条田耕作层土壤干湿程度基本一致，以便及时中耕松土和防止土壤水分蒸发与盐分向表土积累，一般要求一块条田能在 1 ~ 2 d 内灌水完毕。从便于组织灌水和田间管理的角度考虑，条田长度以不超过 500 ~ 600 m 为宜。

（3）要有利于排渍和除涝。在易渍、易涝、易发生盐碱化的地区，条田大小还应考虑除涝、防渍和改良盐碱土的要求，能及时排除因暴雨产生的田面积水，减小淹水时间和淹没深度，以免土壤中水分过多；或者为满足控制与降低地下水位的要求，而将地下水位降低到地下水临界深度以下，以防土壤表层积盐、返盐，保证作物能正常生长。

因此，条田不能过宽，亦即排水沟间距不宜过大，因为排水沟间距过大，排水效果就不理想，从而会使条田中部地下水位过高，不利于除涝、防渍和洗盐。一般土质较黏重、地下水位较高、雨季易受渍害和在土壤盐碱化较严重的地区，条田宽度应窄一些、短一些。对于要求地下水控制深度较小、土壤透水性较好的地区，其排水沟间距大一些。一般在农渠、农沟相间布置时，条田宽度以 100 ~ 150 m 为宜，相邻布置时，条田宽度为 200 ~ 300 m。

（4）应少占耕地。条田不宜过小，以节省耕地；否则，渠、沟、路、地埂等的占地就要增多。最好使渠、沟、路尽可能相结合，以便于管理、维护。同级灌溉渠道的灌溉面积应尽量相等，以利配水、输水和灌水。

总之，影响条田大小的因素较多，应根据当地具体情况确定。我国旱作区条田大小可参考表 4-1。在平原地区，使用大中型农业机械的条田，其尺寸可大一些；使用小型农业机具和畜力耕作的地区，条田尺寸应小一些。井灌区、山丘地区，条田尺寸要更小，以提高灌水质量和灌水效率，节约灌溉水量。

表 4-1　旱作区条田规格

地区	长度（m）	宽度（m）
陕西关中	300 ~ 400	100 ~ 300
安徽淮北	400 ~ 600	200 ~ 300
山东	200 ~ 300	100 ~ 200
新疆军垦农场	500 ~ 600	200 ~ 350
内蒙古机耕农场	600 ~ 800	200

二、田间渠系规划布置

田间渠系是指条田内部临时性的灌溉渠道系统。它担负着田间输水和灌水任务，根据田块内部的地形特点和灌水需要，田间渠系由一至二级临时渠道组成。一般将从农渠引水的临时渠道称为毛渠，从毛渠引水的临时渠道称为输水垄沟或简称输水沟。田间渠系的布置有纵向布置和横向布置两种基本形式。

（一）纵向布置

灌水方向垂直农渠，毛渠方向与灌水沟、畦方向一致，灌溉水流从毛渠流入与其垂直的输水沟，然后再进入灌水沟、畦，这种布置形式称为纵向布置，如图 4-8 所示。毛渠的布置要注意控制有利地形，保证能向灌水沟、畦正常输水。根据具体地形条件，毛渠可以布置成双向控制（就是沿毛渠两侧布置输水沟）或单向控制（只在毛渠一侧布置输水沟）。毛渠一般以垂直等高线方向布置为宜，以使灌溉水能沿着最大地面坡度方向流动，从而给灌水创造有利条件。但是，地面坡度较大（大于 0.01），而又要采用畦灌时，为避免冲刷田面，毛渠也可沿地面较小坡度，与等高线斜交布置，以减小毛渠和灌水沟、畦的坡度。

（二）横向布置

当地面坡度较大且农渠平行于等高线布置，或地面坡度较小而农渠垂直于等高线时，

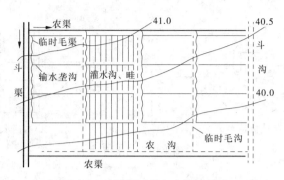

图4-8 田间渠系纵向布置示意图

其灌水方向应与农渠平行,毛渠方向与灌水沟、畦方向垂直,灌溉时,水从毛渠直接流入灌水沟、畦,这种布置形式称为横向布置,如图4-9所示。这种布置形式,条田内只需布置毛渠一级临时渠道,省去了输水垄沟,减少了田间渠道长度,节省占地和水量损失。毛渠一般平行于等高线布置,以便使灌水沟、畦沿最大地面坡度方向布置,以利灌水。

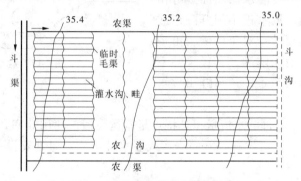

图4-9 田间渠系横向布置示意图

上述两种布置形式,在北方旱作灌区均有采用。纵向布置能较好地适应地形变化,横向布置临时渠道较少,但对土地平整的要求较高。一般地形较复杂,土地平整较差时,常采用纵向布置;地形平坦,坡向一致,坡度较小时,可采用横向布置。在地下水位较高的灌区,田间渠系布置还必须考虑有利于地下水位控制。

三、田间灌水设施

水量调配是执行用水计划的中心内容,而田间灌水装置则是保证用水计划实施效果和效率的重要手段,也是水量调配的终结分配(向田间配水)环节。以下着重介绍田间简易灌水装置。一般常规沟灌、畦灌等地面灌溉常用的田间简易灌水装置主要有挡水板、放水板、虹吸管和放水管等。

(一)挡水板

当毛渠下游不需要灌水时,为了截断其下游水流及壅高其上游水位,以控制进入输水沟或灌水沟(畦)的流量,在毛渠上常使用挡水板。有时在大的输水沟上,也采用挡水板。挡水板可用木板或木板外缘钉上铁板条做成,也可用薄铁板制作。其形状可以做成梯形或半圆形,如图4-10所示。

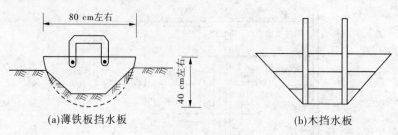

(a)薄铁板挡水板　　　　　　　　　　(b)木挡水板

图 4-10　挡水板

（二）放水板

在采用沟、畦灌方式灌水时，最简单的办法是在灌水沟、畦田头开口引水；停止灌水时，则用田内土堵塞。为了更好地控制进入灌水沟、畦中的流量，通常可使用放水板。

放水板可用木板或薄铁板制成，见图 4-11。板的尺寸可按灌水沟断面或畦田放水口的尺寸确定。放水板中间开圆形或方形小孔，孔径的尺寸：对于沟灌，可视灌水沟流量确定；对于畦灌，孔径尺寸不仅取决于进入畦田的流量，还与畦田放水口的多少有关系。

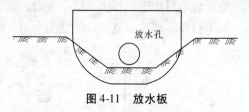

图 4-11　放水板

放水板可有效地掌握灌水流量，其特点是搬运灵活，使用效率高。使用放水板时，可沿输水沟（或毛渠）堤岸在每一灌水沟或灌水畦田放水口处安设一个，并应注意以下两点：

（1）采用畦灌方式灌水时，放水板应安装在畦田放水口处，孔口下缘与畦田地面齐平，以免由孔口流出的水流冲刷田面。

（2）采用沟灌方式灌水时，放水板应安装在灌水沟口上，孔口下缘与灌水沟底齐平，以免冲刷沟底。

（三）虹吸管

虹吸管可选用塑料软管，灌水时，将管内充满水，用两手紧握两头，放在灌水沟或畦田首的输水沟或毛渠的土堤上，使一头插入输水沟或毛渠的水面下，另一头置于灌水沟或畦田中。这样，输水沟或毛渠内的水就会通过虹吸管流入灌水沟或畦田。停止灌水时，将虹吸管拿起，水即断流。

虹吸管使用灵活，进水量稳定，可以不在输水沟或毛渠土堤上扒口进行灌溉。虹吸管的布置形式如图 4-12 所示。若采用塑料虹吸管放水，一个灌水员可同时管理 600 根虹吸管，使灌水生产率大大提高。不同水头压力、不同管径的虹吸管所通过的流量见表 4-2。

图 4-12　虹吸管

表 4-2　不同水头压力、不同管径的虹吸管所通过的流量　　（单位：L/s）

水头压力	直径（cm）					水头压力	直径（cm）				
（cm）	2.0	3.0	4.0	5.0	6.0	（cm）	2.0	3.0	4.0	5.0	6.0
2.0	0.12	0.26	0.51	0.83	1.23	8.0	0.24	0.53	1.03	1.65	2.45
4.0	0.17	0.38	0.73	1.18	1.75	10.0	0.26	0.58	1.14	1.83	2.72
6.0	0.20	0.45	0.88	1.42	2.10						

（四）放水管

放水管是长 30～35 cm、直径 3～5 cm 的引水管，用铁皮管、竹管、木管、硬塑料管均可。放水管可埋设在灌水沟或灌水畦田首部输水沟或毛渠的小土堤内，两头分别伸进输水沟（或毛渠）和灌水沟（或灌水畦田），水从输水沟或毛渠一端流入管内，再流入灌水沟或灌水畦中。放水管的口径取决于需要供给灌水沟的流量大小及每个畦田所需要的数目，通常每块畦田可安设 3～5 个放水管。

圆形断面放水管的直径与流量参见表 4-3。其进水口应在水面以下 5 cm 处，出水口则高于畦田或灌水沟中的水面。放水管的布置方式如图 4-13 所示。

表 4-3　不同直径放水管的流量

直径（cm）	1.5	2.0	2.5	3.0	4.0	5.0	5.5
流量（L/s）	0.10	0.15	0.25	0.50	1.00	1.50	2.00

（五）田间闸管系统

田间闸管系统是可以移动的管道，管道上配置多个小闸门，通过调节闸门开度来控制进入畦（沟）的流量。管道上闸门配置间距可根据畦沟间距调整，并且闸门开度可以

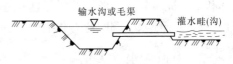

图 4-13　放水管的布置方式

调节，用以控制进入畦（沟）的流量。田间闸管系统主要用于管道输水系统的配套，完成从管网出水口到畦（沟）入口的配水，同时适用具有一定水头的明渠。目前，在国内外应用的闸管系统有软、硬闸管系统两种。

（1）软闸管系统。软闸管采用塑料、橡胶或帆布等材料制成，具有造价低、易于应用等优点，但使用寿命相对较短。

（2）硬闸管系统。硬闸管采用 PVC 管或铝管等，配有快速接头，可根据畦沟条件，在田间组装使用。与软闸管系统相比，使用寿命长，但造价相对较高。

我国目前普遍应用的田间闸管为柔性闸管。在实际应用中，田间闸管既可以替代土毛渠起到田间配水的作用，同时通过闸阀控制，还可以调节分配到畦（沟）的流量。田间应用表明，该项技术投资少、见效快、施工方便、使用简单，适合我国大田作物节水灌溉技术发展的需要。

第三节　田间配水渠道设计

本节所述田间配水渠道是指斗渠和农渠，或只有干、支两级渠道的小型灌区中的干、支渠。渠道横断面设计的主要依据是设计流量，而计算设计流量又需要首先了解渠道的配水方式和渠道输水损失的估算方法。为此，本节依次介绍渠道配水方式、渠道输水损失估算、渠道设计流量计算和渠道横断面设计。

一、渠道的配水方式

渠道的配水方式直接影响渠道设计流量的计算，因此在计算设计流量之前，首先要确定合理的配水方式。渠道配水方式也称渠道工作制度，有以下两种：

（1）续灌，是指在一次灌水时间内持续输水的工作方式。以续灌方式工作的渠道称为续灌渠道。

（2）轮灌，是指同一级渠道在一次灌水时间内轮流输水的工作方式。以轮灌方式工作的渠道称为轮灌渠道。

在大中型灌区，为了各用水单位受益均衡，避免用水过分集中而造成用水单位生产安排的困难，干、支渠一般实行续灌；实行轮灌，流量集中，输水时间短，输水损失小，并便于田间管理，因此斗、农渠一般实行轮灌。但对于只有两级渠道的小型灌区，一般干渠续灌，支渠轮灌。应该指出，如遇天气干旱，水源不足，大中型灌区的支渠也可以采取轮灌，以减少输水损失，保持渠道必要的控制水位。

轮灌方式应根据灌区实际情况选定。划分轮灌组数不宜太多，各轮灌组控制面积应大体相近，同一轮灌组的渠道要尽量靠近，一个生产单位的渠道应尽量编排在一个轮灌组内，以便于配水、调配劳力和组织灌水工作。

二、渠道输水损失估算

渠道的输水损失主要包括渗水损失、漏水损失和水面蒸发三部分。据观测，渠道渗水损失约占渠道输水总损失量的 80%，由于管理不善，如跑水、泄水、决口等人为因素造成的漏水损失是可以通过加强管理予以避免的，水面蒸发损失所占比例很小，常忽略不计。因此，估算渠道输水损失一般只考虑渠道的渗水损失。其数值对已建渠道最好通过实测确定，在规划设计阶段，可采用经验公式或渠道水利用系数来估算渠道输水损失。

估算渠道输水损失常用的经验公式是

$$\sigma = \frac{A}{Q_{净}^m} \tag{4-1}$$

式中　σ——每千米渠道的输水损失占净流量的百分数；

　　　　A——渠床土壤透水系数；

　　　　m——渠床土壤透水指数；

　　　　$Q_{净}$——渠道的净流量，m^3/s。

土壤透水性参数 A 和 m 应根据实测资料分析。在缺乏实测资料的情况下，可采用表4-4中的数值。

表4-4　土壤透水性参数

渠床土壤	透水性	A	m
黏土	弱	0.7	0.3
重壤土	中弱	1.3	0.35
中壤土	中	1.9	0.4
轻壤土	中强	2.65	0.45
砂壤土	强	3.4	0.5

渠道输水损失流量按下式计算

$$Q_{损} = \frac{\sigma}{100}LQ_{净} \tag{4-2}$$

式中　$Q_{损}$——渠道输水损失流量，$\mathrm{m^3/s}$；

　　　L——渠道长度，km。

按式（4-1）和式（4-2）计算出的输水损失流量是在地下水位离地面较深，即渠道渗水不受地下水位顶托影响的输水损失。若地下水位较高，渠道渗漏受地下水顶托影响，实际的渗漏量要比计算结果小。在这种情况下，就要给以上计算结果乘以一个修正系数，即

$$Q'_{损} = \gamma Q_{损} \tag{4-3}$$

式中　$Q'_{损}$——有地下水顶托影响的渠道输水损失流量，$\mathrm{m^3/s}$；

　　　γ——地下水顶托修正系数，见表4-5。

表4-5　地下水顶托修正系数 γ

渠道流量（$\mathrm{m^3/s}$）	地下水埋深（m）		
	<3	3	5
1.0	0.63	0.79	—
3.0	0.50	0.63	0.82

上述无地下水顶托或有地下水顶托条件下计算出来的损失流量，均未考虑防渗措施。渠道采取防渗措施后，其渗水损失将显著减少。无实测资料时，可用未防渗时的损失流量乘以一个折减系数进行估算，即

$$Q''_{损} = \beta Q_{损} \quad 或 \quad Q''_{损} = \beta Q'_{损} \tag{4-4}$$

式中　$Q''_{损}$——采取防渗措施后的输水损失流量，$\mathrm{m^3/s}$；

　　　β——防渗折减系数，采用混凝土护面时，$\beta = 0.05 \sim 0.15$。

水的利用系数从另一个角度衡量灌溉水在输水、配水、灌水过程中有效利用程度，通常用下述4个水利用系数来表示。

（1）渠道水利用系数 $\eta_{渠}$。指渠道放出的净流量 $Q_{净}$ 与流入渠道的毛流量 $Q_{毛}$ 的比值，即 $\eta_{渠} = Q_{净}/Q_{毛}$。它是反映该渠道输水损失程度或渠道输水效率的指标。渠道水利

用系数高，表示渠道输水损失程度低，渠道输水效率高。

（2）渠系水利用系数 $\eta_{系}$。指各条末级固定渠道（农渠）放出的净流量与灌区渠首引入的毛流量的比值，也可表示为各级渠道水利用系数的乘积。渠系水利用系数反映灌区渠系输水损失程度或渠系输水效率。

（3）田间水利用系数 $\eta_{田}$。指输送到田间的可被作物利用的田间净流量与放入田间的农渠净流量的比值。它是反映田间灌溉水损失程度或田间灌溉水利用效率的指标。

（4）灌溉水利用系数 $\eta_{水}$。指灌区实际灌溉面积上作物需要的田间净流量与渠首引入的毛流量之比。其数值等于渠系水利用系数与田间水利用系数的乘积，即

$$\eta_{水} = \eta_{系} \eta_{田} \tag{4-5}$$

灌溉水利用系数是评价全灌区灌溉水利用程度、渠道工作状况、灌溉管理和灌水技术水平的综合指标。我国现有灌区大部分灌溉水利用系数为 0.4 ~ 0.6，有的不足 0.3。可见，节约灌溉用水，提高水的利用系数，潜力很大。

三、渠道设计流量计算

设计流量是确定渠道横断面尺寸的主要依据。渠道设计流量也称毛流量，下面结合图 4-14 说明田间配水渠道，即斗、农渠设计流量推算方法步骤。

（一）确定渠道工作制度

设斗渠灌水延续时间为 T 天，斗渠上农渠分组轮灌，共分 m 组轮灌，每组有农渠 k 条。

（二）计算农渠的田间净流量

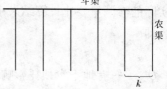

图 4-14　某斗渠及农渠布置示意图

农渠的田间净流量是指一条农渠范围内田间所需要的灌溉净流量，用 $Q_{农田净}$ 表示。若某农渠控制范围内，用水高峰期有 n 种作物同时需要灌溉，灌水延续时间为 (T/m) d，则 $Q_{农田净}$ 可按下式计算

$$Q_{农田净} = \frac{\sum_{i=1}^{n} m_i a_i}{3\,600\,Tt/m} \tag{4-6}$$

式中　m_i——第 i 种作物的设计灌水定额（用水高峰期灌水定额），$\text{m}^3/\text{亩}$；

　　　　a_i——一条农渠范围内第 i 种作物的灌溉面积，亩；

　　　　t——一天灌水时数，h，一般自流为 24 h，提灌为 18 ~ 22 h。

（三）计算农渠的净流量

渠道净流量是指流出某渠道（或渠段）的流量。农渠净流量 $Q_{农净}$ 可按下式计算

$$Q_{农净} = \frac{Q_{农田净}}{\eta_{田}} \tag{4-7}$$

式中　$\eta_{田}$——田间水利用系数，旱作区一般取 0.9 ~ 0.95。

（四）计算农渠和斗渠的设计流量

设计流量即渠道毛流量，等于净流量与损失流量之和。农渠的毛流量 $Q_{农毛}$ 可按下式计算

$$Q_{农毛} = Q_{农净} + \frac{\sigma_{农}}{100}L_{农} \quad Q_{农净} = Q_{农净}\left(1 + \frac{\sigma_{农}L_{农}}{100}\right) \tag{4-8}$$

式中　$\sigma_{农}$——单位长（1 km）农渠的输水损失占农渠净流量的百分数；

　　　$L_{农}$——农渠的平均工作长度，取农渠实际长度的一半，km。

斗渠的净流量为同时工作的农渠的毛流量之和，斗渠的毛流量按下式计算

$$Q_{斗毛} = Q_{斗净} + \frac{\sigma_{斗}}{100}L_{斗} \quad Q_{斗净} = kQ_{农毛}\left(1 + \frac{\sigma_{斗}L_{斗}}{100}\right) \tag{4-9}$$

式中　$\sigma_{斗}$——单位长（1 km）斗渠输水损失占斗渠净流量的百分数；

　　　$L_{斗}$——斗渠平均工作长度，等于斗渠渠首至最远一个农渠轮灌组的平均距离，km。

若已知渠道水利用系数和灌溉水利用系数，也可估计渠道设计流量或灌区渠首设计流量。仍以图4-14所示的渠系为例，若已知农渠和斗渠的渠道水利用系数 $\eta_{农}$、$\eta_{斗}$，则农渠和斗渠的毛流量可按如下公式计算

$$Q_{农毛} = \frac{Q_{农净}}{\eta_{农}} \tag{4-10}$$

$$Q_{斗毛} = \frac{Q_{斗净}}{\eta_{斗}} \tag{4-11}$$

若已知灌溉水利用系数 $\eta_{水}$，则斗渠渠首的设计流量也可按下式计算

$$Q_{斗毛} = \frac{\sum_{i=1}^{n}m_iA_i}{3\,600Tt\eta_{水}} \tag{4-12}$$

式中　A_i——第 i 种作物的灌溉面积，亩；

　　　其他符号含义同前。

【例4-1】　某斗渠控制灌溉面积 1 200 亩，其中棉花和玉米的种植比例分别为50%和40%。夏灌时两种作物同时灌水，灌水定额分别为 40 m³/亩和 50 m³/亩，灌水延续时间为 8 d，每天灌水 24 h。该斗渠控制区域灌溉水利用系数为 0.78，试计算该斗渠的设计流量。

解：根据题意，可按式（4-12）计算

$$Q = \frac{50\% \times 1\,200 \times 40 + 40\% \times 1\,200 \times 50}{3\,600 \times 8 \times 24 \times 0.78} = 0.089(\text{m}^3/\text{s})$$

因此，该斗渠的设计流量为 0.089 m³/s。

四、渠道横断面设计

（一）渠道的水力计算

矩形和 U 形等横断面形式主要用于硬质防渗渠道，其设计方法在《渠道衬砌与防渗工程技术》分册中介绍，这里主要介绍梯形渠道横断面设计方法。梯形渠道横断面设计主要是根据设计流量通过水力计算，确定渠道横断面的底宽和设计水深等尺寸。通常采用明渠均匀流公式进行计算

$$Q = \omega v = \omega C \sqrt{Ri} \tag{4-13}$$

式中　Q——渠道设计流量，m^3/s；

　　　ω——渠道过水断面面积，m^2，$\omega = (b + mh) h$，b、h 分别为渠道过水断面的底宽、水深，m，m 为边坡系数；

　　　v——渠道平均流速，m/s；

　　　R——水力半径，m，$R = \dfrac{\omega}{\chi}$，χ 为湿周，m，$\chi = b + 2h\sqrt{1 + m^2}$；

　　　i——水力坡降，在均匀流中与渠底比降一致；

　　　C——谢才系数，$C = \dfrac{1}{n} R^{1/6}$，n 为渠床糙率。

在进行渠道水力计算时，必须首先确定公式中的各项参数。

1. 渠底比降 i

渠底比降关系到渠道输水能力的大小及其冲淤问题，也关系到控制灌溉面积的大小及工程造价。规划设计时，应根据渠道沿线实际地面坡度、下级渠道分水点的水位要求、渠床土质、设计流量大小等因素，综合分析比较后，确定适宜的渠底比降。一般斗渠比降为 1:2 000 ~ 1:5 000，农渠比降为 1:1 000 ~ 1:3 000。在保证渠道稳定的前提下，平原区为了保证灌溉面积，渠底比降宜偏小一些；山丘区地面坡度较大，渠道比降可偏大一些。

设计渠道时，一般先根据上述经验取值范围，拟定一个比降，最后根据水力计算结果，即是否发生冲刷或淤积，判断是否需要调整比降。

2. 渠床糙率 n

渠床糙率是一个表示渠床粗糙程度的技术参数，其数值是否符合实际，直接关系到水力计算的精度。所以，糙率 n 的选用必须力求符合实际。土质斗、农渠道糙率一般取 0.027 5；杂草丛生，养护较差时可取 0.030。若采用混凝土衬砌，糙率一般取 0.015。

3. 边坡系数 m

边坡系数值的大小关系到渠道的稳定。一般梯形渠道断面的边坡系数值可依土质情况，按表 4-6 确定。

4. 渠道断面的宽深比 α

渠道断面的宽深比是指底宽 b 和水深 h 的比值，可用 $\alpha = b/h$ 表示。α 大，说明渠道断面相对宽浅；α 小，说明渠道断面相对窄深。对于中小型渠道，为使渠道断面稳定，下列数值可供选用：当设计流量 $Q < 1\ m^3/s$ 时，$\alpha = 0.7 ~ 2$；当 $Q = 1 ~ 3\ m^3/s$ 时，$\alpha = 1 ~ 3$。

在设计流量、渠底比降一定的条件下，α 大，流速小；α 小，流速大。因此，α 也影响到渠道是否发生冲刷或淤积。黏性土地区，不易冲刷，α 宜小一些（较窄深）；砂土地区，易发生冲刷，α 宜大一些（较宽浅）。在实际设计工作中，要按照具体情况，初选一个 α 值，作为计算断面尺寸的参考，再根据水力计算结果，判断是否需要调整。

表4-6　田间渠道最小边坡系数

土壤种类	挖方渠道最小边坡系数		填方渠道最小边坡系数			
	水深<1 m	水深1~2 m	设计流量<1 m³/s		设计流量=1~2 m³/s	
			内坡	外坡	内坡	外坡
黏土、重壤土	1.00	1.00	1.00	1.00	1.00	1.00
中壤土	1.25	1.25	1.25	1.00	1.25	1.00
轻壤土、砂壤土	1.50	1.50	1.50	1.25	1.50	1.25
砂土	1.75	2.00	1.75	1.50	2.00	1.75

5. 渠道的允许流速

在渠道设计流量的情况下，当流速达到某种程度时，渠床上的土粒就会随水移动，在渠床土粒将要移动而尚未移动时的水流速度，称为不冲流速，用 $v_{不冲}$ 表示。当水流速度小到一定程度时，水中有一部分泥沙就会在渠道内下沉，在这些泥沙将要淤积而尚未淤积时的水流速度，称为不淤流速，用 $v_{不淤}$ 表示。为了使渠道正常地工作，渠道的设计流速 $v_{设}$ 应符合下述条件：

$$v_{不淤} < v_{设} < v_{不冲}$$

土渠的不冲流速 $v_{不冲}$ 一般为 0.6~1.0 m/s，其中，轻壤土不冲流速为 0.60~0.80 m/s，中壤土不冲流速为 0.65~0.85 m/s，重壤土不冲流速为 0.70~0.95 m/s，黏土不冲流速为 0.75~1.00 m/s。不淤流速 $v_{不淤}$ 一般为 0.3~0.4 m/s。对于小型清水渠道，也要求渠道设计流速不小于 0.3 m/s，目的是抑制杂草生长。

（二）渠道横断面结构

渠道横断面结构有挖方断面、填方断面、半挖半填断面三种。在地形条件许可的情况下，渠道都宜采用半挖半填断面结构，见图4-15。这种断面便于向下一级渠道分水，工程量也较小，设计时应力求挖方量与填方量基本相等。

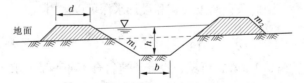

图4-15　半挖半填渠道横断面结构

岸顶超高和岸顶宽度可参考表4-7确定。防渗渠岸顶超高可偏小一些。若结合布置道路，有交通要求，则岸顶宽度应按交通要求确定。

表4-7　岸顶超高和岸顶宽度

项目	田间毛渠	田间配水渠道（斗、农渠）	
		设计流量<0.5 m³/s	设计流量=0.5~1.0 m³/s
岸顶超高（m）	0.1~0.2	0.2~0.3	0.2~0.3
岸顶高宽（m）	0.2~0.5	0.5~0.8	0.8~1.0

（三）渠道横断面设计的计算步骤

上述设计参数选定后，可根据水力计算确定横断面尺寸与水力要素，计算步骤如下：

（1）根据渠道设计流量、地形、土质、断面结构形式等，拟定渠底比降 i、糙率 n、边坡系数 m。

（2）拟定渠道宽深比 α，假设一个底宽 b，确定相应水深 h。根据式（4-12）计算渠道流量，若计算所得流量与设计流量相近，此时的 b、h 即为所求的设计结果，一般要求相对误差不大于 5%，即 $\left| (Q_设 - Q)/Q_设 \right| \leqslant 5\%$。若不满足要求，应调整断面尺寸，重新计算。

（3）校核渠道流速，应符合 $v_{不淤} < v_设 < v_{不冲}$。如果不满足要求，则调整 b、h，再行计算，直到流量、流速都符合设计要求为止。

（4）确定渠道的岸顶超高和岸顶宽度。

【例4-2】　某斗渠的设计流量 $Q_设 = 0.40 \ \text{m}^3/\text{s}$，渠底比降 $i = 1/3\,000$，土质为重壤土，试设计该斗渠的横断面尺寸。

解：按照横断面设计要求，具体步骤如下：

（1）选用渠床糙率 $n = 0.0275$，边坡系数 $m = 1.0$。

（2）拟定 $\alpha = 1.1$，假定渠底宽 $b = 0.8 \ \text{m}$，则水深 $h = 0.73 \ \text{m}$，此时的设计参数分别为：

渠道过水断面面积　$\omega = (b + mh)h = (0.8 + 1.0 \times 0.73) \times 0.73 = 1.12 \ (\text{m}^2)$

湿周　$\chi = b + 2h\sqrt{1 + m^2} = 0.8 + 2 \times 0.73 \times \sqrt{1 + 1.0^2} = 2.87 \ (\text{m})$

水力半径　$R = \dfrac{\omega}{\chi} = \dfrac{1.12}{2.87} = 0.39 \ (\text{m})$

谢才系数　$C = \dfrac{1}{n}R^{1/6} = \dfrac{1}{0.0275} \times 0.39^{1/6} = 31.08$

渠道流量　$Q = \omega C\sqrt{Ri} = 1.12 \times 31.08 \times \sqrt{0.39 \times \dfrac{1}{3\,000}} = 0.40 \ (\text{m}^3/\text{s})$

计算结果与 $Q_设$ 符合，因此假设的渠底宽和设计水深可以采用。

（3）渠道设计流速 $v = \dfrac{Q}{\omega} = \dfrac{0.40}{1.12} = 0.36 \ (\text{m/s})$，渠床土质为重壤土，因此 $v_{不冲} = 0.7 \sim 0.95 \ \text{m/s}$，$v_{不淤} = 0.3 \ \text{m/s}$，可见，设计流速符合不冲不淤要求。

（4）根据设计流量，超高取 0.25 m，岸顶宽取 0.7 m。

综上所述，横断面尺寸设计结果为：边坡系数 $m = 1$，底宽 $b = 0.8 \ \text{m}$，设计水深 $h = 0.73 \ \text{m}$，岸顶超高为 0.25 m，岸顶宽度为 0.7 m。

第四节　农田土地平整

农田土地平整是保证地面灌溉灌水质量的重要措施，也是农田基本建设的重要内容。土地平整不仅有利于耕作和灌溉排水，改良土壤、提高作物产量，还能扩大耕地面积，提高土地利用率。

平整土地既要符合地面灌溉灌水技术的要求，又应便于耕作和田间管理，其基本要求如下：

（1）平整后田块内所有各点的田面高程应比最末一级固定渠道引水口处的渠底高程低，以方便自流引水入田。

（2）平整后的田面坡度应满足灌水要求。一般在条田地块内，田面纵向坡度（沿田面长边坡度方向）应尽量与自然地面坡度一致。也就是，田面纵坡方向应顺着耕作方向和灌水方向，并要求尽量有一致的坡度，而且接近自然地面坡度，以减少平整土地的土方量。但田面不允许存在倒坡，对于旱作物地面灌溉，田面坡度应满足畦灌、沟灌灌水技术的要求。

（3）应满足一定的平整精度。平整后的条田田面要求坡度均匀一致。一般畦灌地面高差应小于±5 cm，水平畦灌地面高差应在±1.5 cm以内，沟灌地面高差应小于±10 cm。

（4）平整工作量最小。要求移高填低，就近挖填方平衡；运距最短，工效最高。

（5）平整后的土地应保持一定的肥力。为此，平整土地时应尽量保留表土。一般挖方处应保留表土厚度20～30 cm；填方处填厚超过50 cm时，必须使熟土上翻，生土上保持有20～30 cm厚的熟土层；如种有绿肥，应将绿肥和熟土切成方块搬移，待平整后再还原、铺平。

（6）平整土地应以长远为目标，以当前为基础。确保当年平整，当年受益。为此，要妥善安排当年农业生产和作物种植计划，不影响当年农业产量。

土地平整设计是在满足平整土地基本要求的前提下，在确定的田块范围内，按照确定的田面坡度，确定各桩号的田面设计高程、挖填深度、开挖线位置、土方量、运土方向等，作为施工的依据。

一、农田土地平整设计

农田土地平整方法有加权平均法和方格网法两类。坡地（包括水平梯田）的土地平整常用方格网法，即在需要平整的坡地上，把规划的田块打成方格网，方格的大小，根据地形情况和田块大小而定，一般方格的边长采用10～20 m。根据方格网布置形式又可分方格中心点法和方格角点法。

（一）加权平均法

通常，为了适应农业机械耕种的要求，往往需要将数块面积较小的地块合并成为一个大的田块，此时为平地改田，多采用加权平均法设计。如图4-16所示，有四块不等高的平台阶地，其面积分别为A_1、A_2、A_3和A_4。各地块面积的大小可利用小平板仪测出，或用皮（钢）卷尺丈量，绘出草图后，进行计算。对应各地块的田面高程需用水准仪测出，分别为H_1、H_2、H_3和H_4。用水准仪测定高程时可用假定高程，或由附近水准点引测实际海拔。施测时，若田面比较平坦，可只测地块中部有代表性的一个点的田面高程。若田面有较均匀的坡度，可在地块两端各测一个点的田面高程，取两点田面高程的平均值作为代表本地块的田面高程。

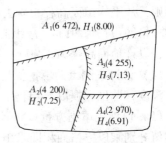

图4-16　小块地合并图

（单位：面积，m²；高程，m）

设合并后地块平整的田面高程为H_m，则各地块的填（挖）施工高度分别为：$H_1 - H_m$，$H_2 - H_m$，$H_3 - H_m$ 和 $H_4 - H_m$。

为了满足挖、填土方量平衡条件，则挖、填土方量总和应等于零，即

$$A_1(H_1 - H_m) + A_2(H_2 - H_m) + A_3(H_3 - H_m) + A_4(H_4 - H_m) = 0$$

所以

$$H_m = \frac{A_1 H_1 + A_2 H_2 + A_3 H_3 + A_4 H_4}{A_1 + A_2 + A_3 + A_4} = \frac{\sum A_i H_i}{\sum A_i} \tag{4-14}$$

平整后的田面高程 H_m 计算出来后，即可逐个求出各小地块的填高或挖深值，为填挖施工时提供依据。

如图 4-16 所示，可计算得出平整后的田面高程为

$$H_m = \frac{6\,472 \times 8.00 + 4\,200 \times 7.25 + 4\,255 \times 7.13 + 2\,970 \times 6.91}{6\,472 + 4\,200 + 4\,255 + 2\,970} = 7.44(\text{m})$$

各小地块的填高或挖深值分别为：A_1 地块：8.00 - 7.44 = 0.56(m)（挖深）；A_2 地块：7.25 - 7.44 = -0.19(m)（填高）；A_3 地块：7.13 - 7.44 = -0.31(m)（填高）；A_4 地块：6.91 - 7.44 = -0.53(m)（填高），则总的挖填方量为：

总挖方量 = 0.56 × 6 472 = 3 624.3(m²)

总填方量 = 0.19 × 4 200 + 0.31 × 4 255 + 0.53 × 2 970 = 3 691.2(m²)

采用这种方法，求得的设计田面高程为 7.44 m，平整土方量比较小，挖填也基本平衡，但是，四块小田的熟土要全部搬动，实际上平整工作量要比设计值大。

（二）方格中心点法

方格网的起始边，以平整田块较整齐的边为基线，在距基线等于一个方格边长的一半处（即 5 ~ 10 m）设立第一排桩点，然后对应第一排桩点的各点，每隔 10 ~ 20 m 设立第二排，第三排……桩点，如图 4-17 所示。根据灌水要求，田面坡度采用横向水平，纵向坡度为 0.002 时，其设计步骤为：

（1）计算各横断面地面平均高程。图中第一排横断面平均地面高程为（2.40 + 2.47 + 2.56 + 2.79）÷ 4 = 2.56(m)。

（2）计算田块平均地面高程。将各排断面地面平均高程累加，以横排数除，即为田块平均地面高程，如图中 15.40 ÷ 7 = 2.20(m)。

（3）计算各桩点的设计田面高程，并注于图上。平整后田块平均高程应位于纵向中心位置，即图中第四排桩号。然后根据设计地面纵向坡度，按照顺坡相减，逆坡相加的原则，从平均田面高程中减去或加上一定数值，依次求得各横断面的田面设计高程。图中方格网边长为 20 m，故纵向各桩号设计高程差值为 20 × 0.002 = 0.04(m)。如第三排桩，设计地面高程为 2.20 + 0.04 = 2.24(m)。其余依此类推。

（4）设计各测点的填挖深度。设计地面高程减去各测点地面高程，即为各测点的填挖深度，单位习惯以 cm 计。

（5）设计挖填土方量。将各测点（或各横断面）填、挖深度分别累加，然后将各累加值分别乘以方格面积即求出填、挖土方量。在实际工作中，常将施工误差范围以内挖、填数忽略（如本例为 5 cm 以下），视为不填不挖。以第四排桩为例，实际挖深为 -10 + (-8) = -18(cm)，即 -0.18 m。图中方格面积为 20 × 20 = 400(m²)，挖方量

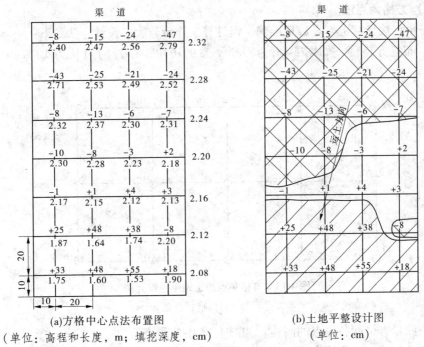

(a)方格中心点法布置图　　　　　　　　(b)土地平整设计图
（单位：高程和长度，m；填挖深度，cm）　　　　（单位：cm）

图4-17　中心点法土地平整设计图

为：$400 \times 2.67 = 1\,068(m^3)$；填方量为：$400 \times 2.65 = 1\,060(m^3)$。挖、填方量达到基本平衡。

（6）开挖线的确定。把与设计高程等高的点连接起来，就得到开挖线。图中开挖线为挖填深度5 cm的位置，在两条开挖线中间的面积为不挖不填区，可在农业耕作过程中整平。

各步设计计算见表4-8。

表4-8　方格中心点计算表

横断面平均高程 （m）	设计高程 （m）	实际挖深 （m）	实际填高 （m）	方格面积 （m×m）	土方 （m³）
2.56	2.32	−0.94	0.00		挖方
2.56	2.28	−1.13	0.00		
2.33	2.24	−0.34	0.00		1 068
2.25	2.20	−0.18	0.00	20×20	
2.14	2.16	0.00	0.00		填方
1.86	2.12	−0.08	+1.11		
1.70	2.08	0.00	+1.54		1 060
15.40		−2.67	+2.65		

（三）方格角点法

方格角点法计算土方量数量准确，但计算工作量较大。设计方法如下：

（1）布置方格网。如图 4-18 为需要平整的田块，布置的边长为 10～20 m 的方格网。

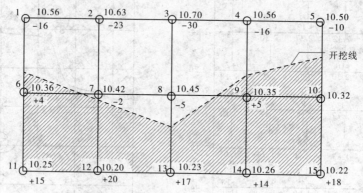

图 4-18　方格角点法土地平整设计图

（单位：高程，m；填挖深度，cm）

（2）测量方格网各角点的高程。如图 4-18 中各测点的数字。

（3）计算田块的平均高程。可采用下式

$$H_0 = \frac{\sum h_角 + 2 \sum h_边 + 4 \sum h_中}{4n} \tag{4-15}$$

式中　$\sum h_角$——各角点高程之和；

　　　$\sum h_边$——各边点高程之和；

　　　$\sum h_中$——各中点高程之和；

　　　n——方格数。

在图 4-18 中，测点 1、5、11、15 为角点，因各测点高程仅代表一个方格，所以乘以 1。测点 2、3、4、6、10、12、13、14 为边点，因各测点高程代表两个方格，所以乘以 2。测点 7、8、9 为中点，因测点高程代表四个方格，所以乘以 4。

因此，田块的平均高程 H_0 为

$H_0 = [10.56 + 10.50 + 10.25 + 10.22 + 2 \times (10.63 + 10.70 + 10.56 + 10.36 +$

　　　$10.32 + 10.20 + 10.23 + 10.26) + 4 \times (10.42 + 10.45 + 10.35)] \div (4 \times 8)$

　　　$= 10.40(\text{m})$

若要求田面水平（采用水平畦灌或水平沟灌时，出现这种情况），田块平均高程即为各测点的设计田面高程，图 4-18 即为要求田面水平情况下的设计结果。若田块有一定纵坡，此平均高程指田块中间（即纵长一半处）的设计田面高程，两侧各测点的设计田面高程仍按逆坡相加、顺坡相减的原则加以推算。

（4）计算各测点的挖填深度，注于图中方格的右下方。

（5）计算挖填土方量。

（6）找出开挖线位置，确定运土方向等。

以上方法是以一个平整田块为单位进行的。在实际工作中，常有某一田块过高或过低的现象，也有在某一田块中有大土壕或大土堆的现象，遇到这种情况，就应几个地块统一设计，可越田块取土，设计中应做到挖填土方量平衡，生产效率高。

（四）改进的方格网法

以上介绍的两种方格网法，对于面积较小（方格数较少）、田面平整为水平或仅在一个方向有坡度的土地平整尚属简单；对于面积较大，或者纵向和横向均有坡度的土地平整，计算起来就比较复杂。下面介绍一种改进的方格法，可提高土地平整设计效率。

设某块需要进行平整的田块 $ABCD$，如图 4-19 所示。田块长为 $A'D'$，宽为 $A'B'$。布置边长为 L 的正方形网格，各方格角点即为桩点，然后实测各桩点的高程。设计要求平整后的田块 $A''B''C''D''$ 纵向坡度为 $i_纵$，横向坡度为 $i_横$。建立如图 4-19 所示的直角坐标系。z 轴坐标表示高程，为保证土方挖填基本平衡，平整后田块形心处 E'' 点高程应等于平整前田面平均高程 H_0。平整前田面平均高程仍按式（4-16）计算。

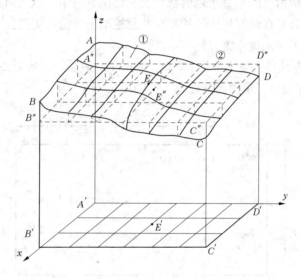

①—平整前田面；②—平整后田面

图 4-19　平整前、后田面及网格布置示意图

由于田面纵、横向坡度均已确定，并假定坡面倾向 y 轴正方向和 x 轴正方向，则设计田面 A'' 点的高程 a 可按下式计算

$$a = H_0 + \frac{A'D'}{2}i_纵 + \frac{A'B'}{2}i_横 \tag{4-16}$$

A'' 点的高程 a 确定后，可得平整后田面的平面方程

$$z = a - i_横 x - i_纵 y \tag{4-17}$$

从数学上来说，$i_横$、$i_纵$ 都应为负值，但为符合应用习惯，式中 $i_横$、$i_纵$ 取了绝对值。将各桩点处的 x 和 y 坐标代入式（4-17）即可计算出各桩点处平整后的田面高程，再将桩点处设计高程减去原高程即为该桩点处的挖深或填高值，减得值为负表示挖深，减得值为正表示填高。根据各桩点的挖深和填高，可计算挖填土方量。

在土地平整时，还必须考虑满足自流灌溉的要求，即 A'' 点的高程 a 必须小于或等于放水口处渠道水位。在上述计算中，若算得的 a 值大于渠道水位，则应调整田面设计坡度，调整时先适当减小 $i_\text{横}$，再按下式计算 $i_\text{纵}$

$$i_\text{纵} = \frac{Z - \Delta h - H_0 - \dfrac{A'B'}{2} i_\text{横}}{\dfrac{A'D'}{2}} \tag{4-18}$$

式中　Z——放水口处渠道水位；

　　　Δh——放水口处渠道富余水头，可取 0.05 ~ 0.1 m。

要求式（4-18）算得的 $i_\text{纵}$ 在适宜纵坡范围内，若 $i_\text{纵}$ 小于适宜纵坡下限，则宜放弃局部高地（即放弃局部地面较高的网格），重新计算田块平均高程 H_0。这时 H_0 减小，田块形心位置可近似认为不变，则 $i_\text{纵}$ 得以加大。

上面介绍了方格角点法平整土地的新算法。运用方格中心点法时也可按此新算法基本原理进行计算，只是在计算田面平均高程和总挖填土方量时更简便一些。下面即以改进的方格中心点法平整土地作为算例。

【例4-3】　设某块待平整土地长 120 m、宽 60 m，各桩点及实测高程如图 4-20 所示。A 点为渠道放水口。设计要求田面纵坡 $i_\text{纵}=0.002$，$i_\text{横}=0.001$。试进行土地平整设计。

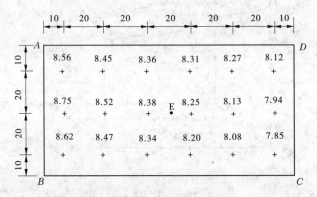

图 4-20　某田块尺寸及各点高程示意图　（单位：m）

解：首先用算术平均法计算田面平均高程

$H_0 = (8.56 + 8.75 + 8.62 + 8.45 + 8.52 + 8.47 + 8.36 + 8.38 + 8.34 +$

　　　　$8.31 + 8.25 + 8.20 + 8.27 + 8.13 + 8.08 + 8.12 + 7.94 + 7.85)/18$

　　　$= 8.31(\text{m})$

为控制挖填平衡，令田块形心 E 点处的设计高程等于 H_0。则 A 点设计高程 a 为

$$a = 8.31 + 0.001 \times 30 + 0.002 \times 60 = 8.46(\text{m})$$

若 a 大于渠道水位，则应调整地面坡度，或放弃局部高地。

分别以 AB、AD 为 x、y 轴，以经过 A 点的垂线为 z 轴，且 z 轴原点为高程零点。则该田块设计田面的平面方程为 $z = 8.46 - 0.001x - 0.002y$。

由该平面方程计算各桩点设计高程，再将设计高程减去该桩点原高程即得挖深或填高值。具体计算见表4-9。由表4-9得累计挖深1.12 m，则总挖方量为1.12 × 400 = 448（m^3），累计填高1.10 m，则总填方量为1.10 × 400 = 440（m^3）。

表4-9　某田块平整设计计算

桩点序号	桩点序号坐标		原高程	设计高程	挖深或填高
	x（m）	y（m）	（m）	（m）	（m）
1	10	10	8.56	8.43	− 0.13
2	30	10	8.75	8.41	− 0.34
3	50	10	8.62	8.39	− 0.23
4	10	30	8.45	8.39	− 0.06
5	30	30	8.52	8.37	− 0.15
6	50	30	8.47	8.35	− 0.12
7	10	50	8.36	8.35	− 0.01
8	30	50	8.38	8.33	− 0.05
9	50	50	8.34	8.31	− 0.03
10	10	70	8.31	8.31	0
11	30	70	8.25	8.29	+ 0.04
12	50	70	8.20	8.27	+ 0.07
13	10	90	8.27	8.27	0
14	30	90	8.13	8.25	+ 0.12
15	50	90	8.08	8.23	+ 0.15
16	10	110	8.12	8.23	+ 0.11
17	30	110	7.94	8.21	+ 0.27
18	50	110	7.85	8.19	+ 0.34
合计					− 1.12/ + 1.10

二、农田土地平整方法

土地平整方法包括常规土地平整方法和激光控制平地技术。

（一）常规土地平整方法

常规土地平整方法分为人工平地和机械平地两种。人工平地效率低、速度慢，适合于较小规模的平地作业。较大规模的土地平整通常采用机械化作业，机械平地不仅平地速度加快，而且在复种指数高的地区；尚有利于抓紧作物收、种之间的间隙，及时进行平整，同样可以保证平地质量，促进农业增产。

1. 平地机械设备

目前，我国应用最多的平地机械是推土机、铲运机和平地机。

1）推土机

推土机是一种在拖拉机前端悬装上推土刀的短距离自行式整地、平地机械，其优点是牵引力大，平地效率高，工作装置简单、牢固，机动性大，操纵灵便。

推土机主要由基础车和工作装置组成。基础车由内燃机和底盘组成，工作装置主要由前面的推土刀（铲刀）、顶推梁、斜撑杆和提升油缸等组成，现在的大中型推土机一般在后面还安装有松土器。推土机属于循环作业式机械，一个工作循环包括铲土、运土和卸土作业及空驶回程4个过程。常用推土方式有直铲作业、侧铲作业和斜铲作业等。

推土机的生产率主要取决于推土刀推移土的体积及切土、推土、回程等工作的循环时间。为提高生产率，缩短推土时间和减少土的失散，可采用下坡推土、槽形推土以及并列推土等作业方式。

2）铲运机

铲运机是一种利用铲斗铲削土壤，并将碎土装入铲斗进行运送的铲土运输机械，具有操纵简单，不受地形限制，能独立工作，行驶速度快，生产效率高等优点。

铲运机由铲斗、行走装置、操纵机构和牵引机等组成，亦属于循环作业式机械，基本作业包括铲土、运土、卸土一个工作行程和一个空载回驶行程。铲运机的开行路线应根据填方、挖方区的分布情况并结合当地具体条件进行合理选择，主要有环形路线和"8"字形路线两种形式。

铲运机生产效率主要取决于铲斗装土容量及铲土、运土、卸土和回程的工作循环时间。为了提高铲运机的生产率，还应根据施工条件采取不同作业方法，以缩短装土时间。常用作业方法有下坡铲土法、跨铲法和助铲法等。

3）平地机

平地机是以刮刀为主，并配置有其他多种可更换的作业装置，以完成土地平整和整形作业的机械。平地机的刮刀比推土机的铲刀使用时更加灵活；它能连续改变刮刀的平面角和倾斜角，并可使刮刀向任意一侧伸出。因此，平地机是一种多功能的连续作业式机械。平地机具有作业范围广、操纵灵活、控制精度高、效率高等优点。

自行式平地机主要由发动机、机架、动力传动系统、行走装置、工作装置以及操纵控制系统等组成。平地机作业时，铲土、运土和卸土三道施工程序是连续进行的，其作业方法有刮刀刮土侧移、刮刀刮土直移、刀角铲土侧移、机外刮土等多种形式。其中，平地机刮土直移作业法应用较为广泛。

2. 平地作业方法

土地平整作业方法直接影响土地平整的质量和工效，是保证当年受益、当年作物增产的关键。对于地面高差不大的田块，平整土地方法可结合耕作，进行有计划地移高垫低，逐年平整达到平整要求为止。对于地面高差大、需要深挖厚垫的田块，通常采用倒槽法、抽槽法和全铲法三种方法进行平整。

1）倒槽平地法

倒槽平地法又称倒行子法，亦称去生留熟法。倒槽平地法是在挖方地段，将挖方田块分成若干行，每行宽1~2 m，依设计地面高程先在第一行挖槽，深达设计地面高程以下约30 cm，将槽内土挖出并全部运至填方处，然后挖松该行槽底生土，深约30 cm；随之将第二行表层30 cm厚的表层熟土翻填铺于第一行槽内，并使其达到田面设计高程；再挖取第二行槽内熟土层以下的底土，运至填方处，如此用同样方法依次一槽一槽地进行平整。

倒槽平地法平地质量高，容易保留表土，平后地力均匀，平地结合深翻，有利于保证当年增产。另外，倒槽法工作面大，能多用劳力进行平整，施工方便，不易产生窝工浪费。

2）抽槽平地法

抽槽平地法是在挖方地段取土的地块上，顺坡度方向每隔一定距离挖一条宽 1～2 m 的土槽，挖取槽土深度依土方量平衡灵活掌握。一般应挖至设计地面高程线以下。先将挖出的表层熟土置于土梁上，然后将槽内生土翻松并运至填土处；再在槽内搜根挖梁，刨松底土及槽两侧生土，填平抽槽，最后将置于土梁上的熟土回填覆盖到槽内生土上。

抽槽平地法的主要优点是劳动组织管理方便，工效较高，可保留熟土 50% 以上。但缺点是合槽技术不易掌握，平地后常出现地力不均匀，影响作物生长和当年产量。

3）全铲平地法

全铲平地又称揭盖子，是将平整地块高出设计地面高程线以上的部分，不论生土和熟土，一次全部挖去，并移填至低处。

全铲平地法适用于机械平整，工效高，平整速度快。但平后土地生熟土混杂，地力不易恢复，容易造成减产。

（二）激光控制平地技术

常规机械平地方法具有土方运移量大、平地费用相对较低的特点，适合于在地面起伏较大、原始平整度较差的田面内完成粗平，改变田块的宏观地形。由于平地效果主要取决于机械设备的施工精度，故受设备自身缺陷和人工操平精度的影响，当达到一定田面平整度后便很难再有提高，难以满足实行地面精细灌溉的要求。激光平地技术是一种新型平地技术，既可实现农田精细平整，又能与现代大规模农业生产相适应，可为高效地面灌溉技术创造良好的基础条件。

1. 激光控制平地系统的组成和工作原理

1）系统组成

激光控制平地系统由激光发射器、激光接收器、激光控制器、液压控制机构和平地铲 5 个基本部分构成，如图 4-21 所示。

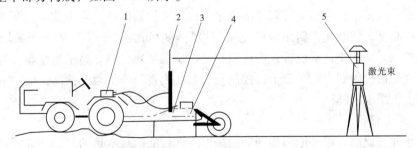

1—激光控制器；2—激光接收器；3—液压控制机构；4—平地铲；5—激光发射器

图 4-21　激光控制平地系统工作原理图

2）工作原理

激光控制平地技术是利用激光作为非视觉操平控制手段来控制液压平地机具刀口的升降，避免了常规平地设备因操作人员的目测判断带来的误差。激光平地系统利用激光发射器发出的旋转光束，在作业地块的定位高度上形成一光平面，此光平面就是平地机组作业时平整土地的基准平面，光平面可以呈水平，也可以与水平呈一倾角（用于坡地平整作业）。激光接收器安装在靠近平地铲的桅杆上，从激光束到平地铲铲刃之间的这段固定距离即为标高定位测量的基准。当接收器检测到激光信号后，将其转换为相应的电信号，并不停地将电信号发送给控制箱。控制箱接收到标高变化的电信号后，进行自动修正，修正后的电信号控制液压控制阀，以改变液压油输向油缸的流向与流量，自动控制平地铲的高度，使之保持达到定位的标高平面，并随着拖拉机的前进进行平地作业。

2. 激光控制平地作业的基本程序

1）建立激光控制面

首先根据被平整田块大小确定激光发射器的安放位置，如长度、宽度超过 300 m，激光器大致放在场地中间位置；如长度、宽度小于 300 m，则可安装于场地的周边。激光发射器位置确定后，将它安装在支撑的三角架上，并按技术规范调整好激光发射器，把设计的坡度数字、转角等调到正确位置，把激光发射器的箭头调到指向主坡度方向，数码显示器按设计坡度调好数字，自动找平后，指示灯发出绿光，表示激光发射器正常，进入运行阶段，可以指导平地了。当有设计坡度时，激光束为斜直线红光束，即含有预定的坡降。激光的标高，应处在拖拉机平地机组最高点上方 0.5 ~ 1 m 处，以避免机组和操作人员遮挡住激光束。

2）测量与设计

利用激光技术进行地面测量，一人操作发射器，配 3 ~ 5 人移动标尺。每个标尺高 2 m 或 3 m，其上装有可上下滑动的激光接受器，当发射器的红光束平射出照到接收器上时，正确位置绿灯亮，高地或低洼时黄灯亮。依次跑尺，每个地块按横列竖行排列，每测点间距为 10 ~ 20 m，特殊点段加密，顺序详细记录测定的测点方向和高低数据，绘制出地块的地形图。根据测量结果进行平地设计，确定平地设计相对高程。原则是通过选择适当的平地设计高程，使得平地作业中的挖方量与填方量基本相等。按照平地设计高程在田块内确定平地机械作业的基准点，亦即平地铲铲刃初始作业位置点。

3）平整作业

接收器上有三个自上而下排列的电子眼，以铲刃初始作业位置为基准，调整激光接收器桅杆的高度，使激光器射出的激光束与接收器中间的电子眼对准（即绿灯亮时）。然后，将控制开关置于自动位置，就可以起动拖拉机平地机组开始平整作业。当平地铲低时，激光平面投射到上电子眼上，控制箱就会立刻自动将平地铲抬高；反之，投射到下电子眼上，平地铲降低。

4）复测与评价

平整作业完成后，按平地前相同的网格形式进行地面高度点的复测，进而评价土地精平的作业效果。

激光平地整地技术不仅可以实现大片土地平整自动化，节约劳动力，减少农民劳动强度，而且可极大地提高农业水资源的利用效率和灌水均匀度，有利于农田耕作和农作物生长，提高农产品产量，减少肥料的流失，同时可提高机械化作业效率和效果。国外激光技术在农田土地平整方面的应用已得到普遍推广，我国目前也正在逐步推广。

第五章　畦灌技术

第一节　畦灌概述

一、畦灌的特点

畦灌是用土埂将灌溉土地分隔成一系列长方形的畦田，灌溉水从输水沟或直接从田间毛渠引入畦田，以很薄的水层向前流动，借重力作用入渗土壤的灌溉方法（见图5-1）。畦田末端有封闭和不封闭两种形式，一般宜采用畦尾封闭形式。科学合理的畦灌可以达到较高的灌水均匀度，并能有效控制深层渗漏损失。我国目前一些地区，由于土地不够平整、畦田规格不当、入畦流量不合理等，造成灌水不均匀，灌溉水浪费严重。

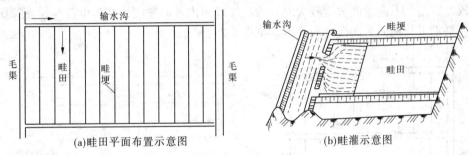

(a)畦田平面布置示意图　　　　(b)畦灌示意图

图5-1　畦灌示意图

畦田沿畦长方向一般具有一定坡度，灌溉水由田间渠道进入畦田后，利用田面坡度向前推进灌溉整个畦田。入畦水流截断后，水流由畦首向畦尾消退。在理论上，只要满足适当的控制条件，就可达到灌溉水的均匀分布。入畦水流以一大小适宜的流量进入畦田并向前推进，当畦首灌水量达到设计要求时，中止供水。随着畦田内水流的向畦尾方向消退，未达到设计灌水深度的土壤继续入渗，水层消退至某处，该处恰好达到设计灌溉水深（见图1-4）。这种理想的畦灌在实际应用中很难获得，它取决于入畦流量的大小、灌水定额的大小、畦田的坡度和长度以及中止供水的时间是否合理。但是通过合理的设计和管理，可以使畦灌接近于这种理想状况。

二、畦灌的适用条件

（1）作物种类。畦灌技术主要适用于灌溉密植作物或撒播作物。如小麦、谷子等粮食作物，花生、芝麻等油料作物，以及牧草和速生密植蔬菜等。此外，在进行各种作物的播前储水灌溉时，有时也常用畦灌技术，以加大灌溉水向土壤中下渗的水量，使土壤中储存更多的水分。

（2）地面坡度。传统的畦灌要求有均一的纵坡，为了便于水流推进，最小坡度为0.05%，为防止土壤侵蚀，最大坡度不超过2%，适宜坡度为0.1%~0.5%。对于水平畦灌，要求田面各方向的坡度都很小（坡度≤0.03%）或为零。美国土地保持局要求的标准是，80%的水平畦田地块田面平均高差应在±1.5 cm以内。

（3）土壤质地。传统的有坡度的畦灌最适合于具有中等透水性、质地均匀的壤土或黏土。砂土因透水性较强，会产生较多的深层渗漏，也难以保证灌水均匀度。对于渗水性很弱的黏土，在畦尾封闭情况下，畦田尾部易出现灌水过多的问题；若畦尾不封闭，则会出现较多的尾水。若减小入畦流量，则会需要更长的灌水时间。对于这种土壤入渗速度比较低的黏性土壤，非常适合采用水平畦灌法。但实践证明，水平畦灌也是砂性土壤良好的节水灌溉方法。

三、畦田布置

畦田布置应主要依据地形条件，并结合考虑耕作方向，一般认为以南北方向布置为最好。根据地形坡度，畦田布置有两种形式，在南北方向地面坡度较平缓的情况下，通常沿地面坡度布置，也就是畦田的长边方向与地面等高线垂直，见图5-2（a）。若土地平整较差，南北方向地面坡度较大时，为减缓畦田内地面坡度，畦田也可与地面等高线斜交或基本上与地面等高线方向平行，见图5-2（b）。

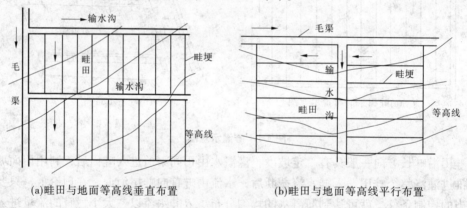

(a)畦田与地面等高线垂直布置　　　　　(b)畦田与地面等高线平行布置

图5-2　畦田布置两种类型

根据输水垄沟或毛渠向畦田的供水方式，畦田可分为单向灌水和双向灌水两种形式。单向灌水法是输水垄沟或毛渠只向一侧畦田供水，它适用于地面坡度较大的情况。双向灌水法是输水垄沟或毛渠可向两侧畦田供水，它适用于地面坡度较小，土地平整较好的情况。

在山区、丘陵地区，地形比较复杂，应结合当地地形等具体情况，因地制宜地确定畦田布置形式，通常可采用梯田小畦或在畦田内加筑各种形式的土挡地埂，以分散水流，减缓畦田内水流流速，防止冲刷畦田田面，促使土壤湿润均匀，提高灌水均匀度。

四、畦田规格

畦田规格主要指畦田的长度、畦田的宽度、坡度和畦埂断面。畦田规格的大小对灌水质量的好坏、灌水效率的高低、土地平整工作量的多少，以及对田间渠网的布置形式和密度与畦埂占地面积等影响很大。畦田规格主要与地形和耕作水平等因素有关，实施畦灌，必须合理地确定畦宽、畦长和畦埂断面。

（一）畦宽

畦宽主要取决于入畦流量、田面横向坡度、畦田纵向坡度、农业机具的宽度、土地平整度和种植技术要求等因素。在我国，由于土地平整度较差，为保证灌水质量，畦宽一般较小。实际应用时，畦宽多按当地农业机具宽度的整倍数确定，一般认为常规畦灌畦宽宜为 2～3 m，最大不超过 4 m。

但是，适当加大畦宽，可节省畦埂占地，因此在土地较为平整、能够保证灌水质量的情况下，可采用较大的畦宽。例如，宁夏地区试验结果表明：在宁夏引黄灌区，在畦长 42.5 m，畦宽 8 m，入畦流量 35 L/s 时节水增产效果显著。现宁夏引黄灌区已将畦长 42.5 m，畦宽 8 m，入畦流量 30～40 L/s 确定为推广应用的畦田标准。同时将畦长为 30～50 m、畦宽 3～6 m 确定为山区塘、库、井、管灌区推广应用的畦田标准。一些发达国家，由于使用大型耕作机械，实行规模化经营，畦田宽度也比较大，最宽可达 30 m。

为灌水均匀，一般要求畦田田面无横向坡度，以免水流集中，冲刷畦田田面土壤。若有横向坡度，则宜整成相互间有一定高差的台阶状等高畦田。为防止上一级畦田内灌溉水通过畦埂渗入相邻的下一级畦田，相邻畦田高差不宜大于 6 cm。根据这一控制条件，可以确定具有横向坡度情况下，畦田的适宜宽度。例如，具有横向坡度为 1% 的土地需要平整成畦田，考虑 6 cm 的高差，则畦田宽度应不大于 6 m。

若采用水平畦灌，畦田宽度可宽一些。具体宽度宜根据输水沟流量、条田布置和田面平整度等因素确定。

（二）畦长

确定畦长应考虑土壤质地、入畦流量、灌水定额、畦田纵坡和农机条件等因素，要求畦田田面灌水均匀，筑畦省工，畦埂少占地，便于农业机具工作和田间管理。

在灌溉砂土地时，土壤透水性能强，入渗速度较快。为了能使灌溉水比较均匀地灌溉到畦田，畦长宜短。如果畦田过长，往往会使畦首、畦尾灌水很难一致，畦首因深层渗漏引起大量的水量损失，畦尾则可能不能获得足够的灌溉水量。若灌溉黏性较大的土壤，土壤透水性能弱，土壤入渗速度较慢，畦田可长一些。

在畦田纵坡和土壤质地一定时，入畦流量大，畦长宜大一些，否则若畦长不足，会使水流迅速到达末端，导致畦尾灌水过多或产生漫溢进入排水沟。若入畦流量小，则为保证灌水均匀，需要畦长稍短一些。

灌水定额大，意味着入渗所需要的时间更长，因此可利用更多的时间推进水流，畦田长度也就可以长一些。反之，灌水定额小，则畦田长度宜短一些。在实际应用时，畦长可能受到限制，这时可以通过采用较小的入畦流量来增加入渗时间。

一般适宜的畦田田面坡度为 0.1%～0.5%，最大可达 2%。畦田田面坡度过大，容易冲刷土壤，而引发水土流失。但是，若地面坡度较大，而土壤透水性又较弱时，可以适当加大畦长，但入畦的单宽流量则需适当减小。若地面坡度较小，土壤透水性较强，则要适当缩短畦长，但应适当加大入畦流量，才能使灌水均匀，并防止产生深层渗漏。

目前，我国自流灌区一般传统畦灌法的畦长以 50～100 m 为宜，以保证灌水均匀。

在提水灌区和井灌区，畦长宜短一些。提水灌区畦长一般为 40 ~ 80 m，井灌区畦长以 30 ~ 50 m 为宜。我国《灌溉与排水工程设计规范》（GB 50288—99）推荐的不同土壤透水性情况下，畦长及相应的畦田比降和单宽流量见表 5-1。表 5-2 给出了美国推荐的畦田规格。印度畦田宽一般为 3 ~ 15 m，认为小于 3 m 是不经济的，具体宽度的确定取决于入畦流量大小和田面平整程度，不同土壤质地情况下，适宜的畦田长度和比降见表 5-3。上述畦灌技术参数可供畦灌设计参考。

表 5-1　畦田灌水技术要素

土壤透水性（m/h）	畦田比降	畦长（m）	单宽流量（L/(s·m)）
强（>0.15）	>1/200	60 ~ 100	3 ~ 6
	1/200 ~ 1/500	50 ~ 70	5 ~ 6
	<1/500	40 ~ 60	5 ~ 8
中（0.10 ~ 0.15）	>1/200	80 ~ 120	3 ~ 5
	1/200 ~ 1/500	70 ~ 100	3 ~ 6
	<1/500	50 ~ 70	5 ~ 7
弱（<0.10）	>1/200	100 ~ 150	3 ~ 4
	1/200 ~ 1/500	80 ~ 100	3 ~ 4
	<1/500	70 ~ 90	4 ~ 5

注：此表引自《灌溉与排水工程设计规范》（GB 50288—99）。

表 5-2　美国推荐的畦田规格

土壤类型	畦田纵向坡度（%）	单宽流量（L/(s·m)）	畦田宽度（m）	畦田长度（m）
砂土（入渗率大于 25 mm/h）	0.2 ~ 0.4	10 ~ 15	12 ~ 30	60 ~ 90
	0.4 ~ 0.6	8 ~ 10	9 ~ 12	60 ~ 90
	0.6 ~ 1.0	5 ~ 8	6 ~ 9	75
壤土（入渗率为 10 ~ 25 mm/h）	0.2 ~ 0.4	5 ~ 7	12 ~ 30	90 ~ 250
	0.4 ~ 0.6	4 ~ 6	6 ~ 12	90 ~ 180
	0.6 ~ 1.0	2 ~ 4	6	90
黏土（入渗率小于 10 mm/h）	0.2 ~ 0.4	3 ~ 4	12 ~ 30	180 ~ 300
	0.4 ~ 0.6	2 ~ 3	6 ~ 12	90 ~ 180
	0.6 ~ 1.0	1 ~ 2	6	90

表 5-3　印度畦田规格

土壤类型	畦田长度（m）	畦田纵向坡度（%）
砂土和砂壤土	60 ~ 120	0.25 ~ 0.60
中壤土	100 ~ 180	0.20 ~ 0.40
黏壤土和黏土	150 ~ 300	0.05 ~ 0.20

（三）畦埂

畦埂断面一般为三角形，畦埂高为 0.2 ~ 0.25 m，底宽为 0.3 ~ 0.4 m，引浑水灌溉的地区应适当加大些。畦埂是临时性的，应与整地、播种相结合，最好采用筑埂器修筑。对于密植作物，畦埂也可以进行播种。为防止畦埂跑水，在畦田地边和路边最好修筑固定的地边畦埂和路边畦埂，其埂高不应小于 0.3 m，底宽为 0.5 ~ 0.6 m，顶宽为 0.2 ~ 0.3 m。

第二节　畦灌设计

农田灌溉的目的是补充作物根系层中的水分，防止作物受到干旱，同时要求灌溉具有一定的灌水均匀度和灌溉水利用效率，以节省灌溉用水，减少肥料流失。过量灌溉还会引起环境问题，因此还要防止对环境的不利影响。有些地方由于过量灌溉，造成了地下水位上升，地表盐分积累，形成了土壤次生盐碱化。因此，畦灌设计的基本要求就是，保证作物的灌溉用水要求，同时要使灌水比较均匀，并且尽量减少地表灌溉水的流失，以及深层渗漏水量损失。

一、传统设计方法

目前，国内设计畦田基本上依靠实践经验，即根据经验确定畦田的坡度、宽度和长度等规格尺寸。或者根据经验确定畦田宽度，然后根据设计灌水定额和单宽流量，计算畦田长度。具体计算步骤如下。

（一）计算灌水时间

灌水时间 t 内的土壤累计入渗水量应等于计划灌水定额，即

$$kt^a = m \tag{5-1}$$

式中　　k——第一个单位时间内土壤平均入渗率，mm/h；

　　　　t——土壤累计入渗时间，h；

　　　　a——土壤入渗指数；

　　　　m——灌水定额，mm。

由式（5-1），可得灌水持续时间为

$$t = \left(\frac{m}{k}\right)^{\frac{1}{a}} \tag{5-2}$$

利用式（5-2）计算出的入渗时间实际上是畦田内某处灌水量达到灌水定额时的入渗时间，由于畦田内水流推进需要时间，因此当畦首灌水量达到设计灌水定额时，畦尾灌水量可能还不足；反之，若保证畦尾灌水量达到设计灌水定额，畦首可能会超灌，从而出现深层渗漏。若以畦尾灌水量达到设计灌水定额为标准确定灌水时间，则需要考虑畦内水流推进的时间。由于确定畦内水流推进时间较为困难，国内一般以畦首灌水量达设计灌水定额为标准确定灌水时间，即以式（5-2）确定畦田灌水时间。显然采用这种做法，畦尾会出现灌水不足，可能会影响作物正常生长。目前，国外多以畦尾灌水量达到设计灌水定额为依据确定畦田灌水时间，这样能确保畦内作物均能满足需水要求。

（二）计算畦田长度或单宽流量

根据经验，拟定入畦单宽流量。令进入畦田内的总灌溉水量等于达到设计灌水定额

所需的水量，即

$$3\ 600qt = mL \tag{5-3}$$

由此得畦长为

$$L = \frac{3\ 600qt}{m} \tag{5-4}$$

式中　q——入畦单宽流量，$L/(s \cdot m)$；

　　　L——畦长，m；

　　　其他符号意义同前。

在实际灌溉管理中，也可根据式（5-3），在已知灌水定额、灌水时间和畦田长度的条件下计算单宽流量

$$q = \frac{mL}{3\ 600t} \tag{5-5}$$

入畦流量太大或太小，都会影响灌水效率，还会影响到是否侵蚀和横向的水量扩散。因此，为确保灌溉效果，单宽流量的大小应该在适宜的范围内。美国农业部水土保持局（1974）建议，对于非草皮类型的作物，如苜蓿、小麦，为防止侵蚀，最大单宽流量为

$$q_{max} = 0.18\ S_0^{-0.75} \tag{5-6}$$

式中　q_{max}——最大入畦单宽流量，$L/(s \cdot m)$；

　　　S_0——畦田纵向坡降。

对于草皮类型的作物，可以用上述计算值的两倍。为保证灌溉水不横向扩散，也建议了最小的灌水流量

$$q_{min} = \frac{0.006LS_0^{0.5}}{n} \tag{5-7}$$

式中　q_{min}——最小入畦单宽流量，$L/(s \cdot m)$；

　　　n——畦面糙率系数。

不同条件下的糙率系数参考值见表5-4。从理论上讲，在作物长大后，糙率系数 n 应该增大，但是由于灌溉水流深度也相应增大，因此在一般情况下，采用固定的糙率系数 n 能够满足设计要求。

表5-4　糙率系数 n 的值

使用条件	糙率系数 n	来源
光滑、裸露土壤表面和灌水沟	0.04	美国农业部（1974，1984）
条播方向和灌水方向一致的条播谷类作物	0.10	美国农业部（1974，1984）
苜蓿、散播的谷类作物	0.15	美国农业部（1974）
密植的苜蓿或者栽植在较长田块内的苜蓿	0.20	克拉蒙斯（1991）
密植草皮作物和垂直于灌水方向的条播小麦	0.25	美国农业部（1974）

畦首水深应不超过畦埂高度。畦首水深可按下式计算

$$y_0 = \left(\frac{qn}{1\,000 S_0^{0.5}}\right)^{0.6} \tag{5-8}$$

式中　y_0——畦首水深，m；

其他符号意义同前。

如果单宽流量不满足最大、最小单宽流量的要求，或畦首水深超过了畦埂高度，则应调整灌水定额、畦田长度、畦埂高度等，以满足要求。

（三）确定改水成数

实施封闭畦灌时，为避免畦尾过量灌溉，保证灌水均匀，通常采用改水成数法，即以畦田薄水层水流长度与畦长的比值作为畦首供水时间的依据，也就是说，当薄层水流到达畦长的一定距离时就封堵该畦田入水口，并改水灌溉另一块畦田。例如，薄层水流流至畦长的80%时，封口改水，即为八成改水。封口后的畦田，畦口虽已停止供水，但畦田田面上剩余薄层水流仍将继续向畦尾流动，流至畦尾后再经过一定时间，畦尾存水全部渗入土壤，整个畦田土壤刚好达到既定的灌水定额。这样可使畦田上的薄层水流在畦田各点处的滞留时间大致相等，从而使畦田各点处的土壤入渗时间和渗入土壤中的水量大致相等。

改水成数应根据灌水定额、土壤性质、地面坡度、畦长和单宽流量等条件确定，一般可采用七成、八成、九成或满流封口（即十成）改水措施。当土壤透水性较小、畦田田面坡度较大、灌水定额不大时，可采用七成或八成改水措施；当土壤透水性强、畦田田面坡度小、灌水定额又较大时，宜采用九成改水措施。封口过早，会使畦尾灌水不足，甚至漏灌；封口过晚，畦尾又会产生跑水、积水现象，浪费灌溉水量。总之，正确控制封口改水，可以防止畦尾漏灌或发生跑水流失。据各地灌水经验，在一般土壤条件下，畦长50 m时宜采用八成改水，畦长30~40 m时宜采用九成改水，畦长小于30 m时应采用十成改水。

【例5-1】　某灌区小麦设计灌水定额为45 m³/亩（即67.5 mm水深），畦田宽为3 m，畦埂高为0.20 m，畦田纵向坡度为0.3%，畦田糙率取0.10，设计入畦单宽流量$q = 3.5$ L/（s·m）。经土壤入渗试验测定，第一个单位时间内土壤平均入渗率$k = 70$ mm/h，入渗指数$a = 0.62$。试确定畦田灌水时间和畦田长度。

解： 根据式（5-2），计算畦首灌水时间

$$t = \left(\frac{m}{k}\right)^{\frac{1}{a}} = \left(\frac{67.5}{70}\right)^{\frac{1}{0.62}} = 0.94\,(\text{h})$$

以0.94 h为畦田供水时间，根据式（5-4）计算畦田长度

$$L = \frac{3\,600qt}{m} = \frac{3\,600 \times 3.5 \times 0.94}{67.5} = 176\,(\text{m})$$

结合规范要求，实际宜取畦长150 m。分别根据式（5-6）和式（5-7），计算最大允许单宽流量和最小允许单宽流量，即

$$q_{max} = 0.18 S_0^{-0.75} = 0.18 \times 0.003^{-0.75} = 14.0\,(\text{L/（s·m）})$$

$$q_{min} = \frac{0.006 L S_0^{0.5}}{n} = \frac{0.006 \times 150 \times 0.003^{0.5}}{0.10} = 0.6\,(\text{L/（s·m）})$$

根据式（5-8），计算畦首水深

$$y_0 = \left(\frac{qn}{1\,000S_0^{0.5}}\right)^{0.6} = \left(\frac{3.5 \times 0.10}{1\,000 \times 0.003^{0.5}}\right)^{0.6} = 0.048(\text{m})$$

计算结果表明，q_{min} < 单宽流量 < q_{max}，田埂高度 > y_0，因此在灌水时间取 0.94 h，畦田长取 150 m 的条件下，单宽流量和田埂高度均满足要求。

在实际灌溉管理过程中，各次灌水的灌水定额不一定相同，因此在确定的畦宽和畦长条件下，经常需要根据实际灌水定额确定灌水时间和单宽流量。

【例 5-2】　某灌区小麦采用畦灌，畦长 80 m，畦宽 2.4 m，畦田坡度为 0.2%，畦埂高 0.2 m，畦田糙率为 0.10，经土壤入渗试验测定，第一小时内平均入渗率 k = 120 mm/h，入渗指数 a = 0.69，计划灌水定额为 50 m³/亩（即 75 mm 水深）。试求灌水延续时间和入畦单宽流量。

解：根据式（5-2），可求出灌水时间

$$t = \left(\frac{m}{k}\right)^{\frac{1}{a}} = \left(\frac{75}{120}\right)^{\frac{1}{0.69}} = 0.51(\text{h})$$

将 t = 0.51 h，m = 75 mm，L = 80 m，代入式（5-5）可得入畦的单宽流量

$$q = \frac{mL}{3\,600t} = \frac{75 \times 80}{3\,600 \times 0.51} = 3.3(\text{L/s})$$

分别根据式（5-6）和式（5-7），计算最大允许单宽流量和最小允许单宽流量

$$q_{max} = 0.18S_0^{-0.75} = 0.18 \times 0.002^{-0.75} = 19.0(\text{L/(s·m)})$$

$$q_{min} = \frac{0.006LS_0^{0.5}}{n} = \frac{0.006 \times 80 \times 0.002^{0.5}}{0.10} = 0.2(\text{L/(s·m)})$$

根据式（5-8），计算畦首水深

$$y_0 = \left(\frac{qn}{1\,000S_0^{0.5}}\right)^{0.6} = \left(\frac{3.3 \times 0.10}{1\,000 \times 0.002^{0.5}}\right)^{0.6} = 0.053(\text{m})$$

计算结果表明，q_{min} < 单宽流量 < q_{max}，田埂高度 > y_0，因此单宽流量和田埂高度均满足要求。

以上介绍的国内畦灌传统设计方法，具有概念清晰，计算简单的优点，但也存在以下不足之处：

（1）一般情况下，畦田纵向坡度大、糙率小，则畦长较长，反之，畦长较短，但在上述设计中没有考虑畦田纵向坡度和田面糙率对畦田长度的影响。

（2）设计灌水定额是指作物计划湿润层中需要的水量，若要使每处灌水量都达到设计灌水定额的要求，会有部分区域产生深层渗漏。若畦尾不封闭，或封闭畦埂高度不足，还可能产生尾水，因此实际的灌水定额要大于设计灌水定额，然而传统的计算方法没有计算出田间实际要求的灌水定额。按设计灌水定额灌水，会在部分区域出现灌水不足的问题。

（3）没有给出该设计所能达到的灌水效率、灌水均匀度、深层渗漏率、尾水率等灌水质量指标，因而无法评价设计结果的优劣，也难以对畦灌设计方案进行优选比较。

近三四十年国外在模拟田间水流运动和地面灌溉质量评价体系方面取得了突破性的

进展，提出了更为科学的地面灌溉设计方法。地面灌溉过程中的水流在田面的流动与下渗是同时进行的，因此从水力学角度可将地面灌溉田面水流运动看成是透水界面上的非恒定流，一般可用一维非恒定流运动方程，并考虑土壤入渗因素建立数学模型。主要数学模型有：水量平衡模型、水动力学模型、零惯量模型和运动波模型。这些模型计算比较复杂，但是可以较好地模拟畦灌水流运动及入渗过程。下面简要介绍这 4 种地面灌溉水流运动模型，以及基于地面灌溉水流运动模型的畦灌设计方法。

二、基于地面灌溉水流运动模型的畦灌设计

（一）地面灌溉水流运动模型

1. 完全水流动力学模型

地面灌溉（包括畦灌、沟灌）田面水流运动属于位于透水底板上的明槽非稳定非均匀流。描述地面灌溉水流运动的圣维南方程的连续方程和动量方程是完全水流动力学模型。

连续方程
$$\frac{\partial A}{\partial t} + \frac{\partial Q}{\partial x} + i = 0 \tag{5-9}$$

动量方程
$$\frac{1}{g}\frac{\partial v}{\partial t} + \frac{v}{g}\frac{\partial v}{\partial x} + \frac{\partial y}{\partial x} = S_0 - S_f - \frac{vi}{Ag} \tag{5-10}$$

式中　A——田面单宽水流断面面积，m^2；

t——放水时间，s；

Q——田面单宽流量，$m^3/(s \cdot m)$；

x——田面水流推进的距离，m；

y——田面水流水深，m；

i——土壤入渗率，m/s；

g——重力加速度，m/s^2；

v——地表水流平均速度，m/s；

S_0——地面坡降；

S_f——水力坡降。

2. 零惯量模型

忽略圣维南方程组动量方程中的惯量项和加速项，完全水流动力学模型简化为零惯量模型，即

$$\frac{\partial A}{\partial t} + \frac{\partial Q}{\partial x} + i = 0$$

$$\frac{\partial y}{\partial x} = S_0 - S_f \tag{5-11}$$

3. 运动波模型

基于地面灌溉条件下，畦田或灌水沟水深较小，$\partial y/\partial x$ 可以忽略不计的假定，零惯量模型进一步简化为运动波模型，即

$$\frac{\partial A}{\partial t} + \frac{\partial Q}{\partial x} + i = 0$$

$$S_0 = S_f \tag{5-12}$$

4. 水量平衡模型

水量平衡模型仅有以水量平衡原理为基础的连续方程，以沿水流方向的平均水深代替了动量方程。

$$V(t) = \int_0^x A(x,t)\,\mathrm{d}x + \int_0^x Z(x,t)\,\mathrm{d}x \tag{5-13}$$

式中　$V(t)$ ——放水时间 t 时地表水层水量与入渗水量之和，m^3；

　　　$A(x,t)$、$Z(x,t)$——地表单宽过水断面面积和单位长入渗水量的时空分布函数，m^2；

　　　其他符号意义同前。

上述四种模型中，以完全水流动力学模型模拟精度最高，其次为零惯量模型和运动波模型，水量平衡模型精度最低。但模型越完整，计算越复杂，边界条件的处理和数值模拟的实现越困难。以上四种模型，即使是最简单的水量平衡模型，计算工作也比较大，因此实际计算时宜利用相关的计算机软件进行计算。

（二）WinSRFR 模拟软件在畦灌设计中的应用

WinSRFR 是由美国农业部旱地农业研究中心开发的一个地面灌溉设计综合软件包，其功能包括地面灌溉参数分析、模拟、设计及运行分析，目前最新的版本是 WinSRFR 3.1，于 2009 年发行，暂无汉化版。该软件最初是为灌溉管理者开发的一个计算工具，现在也成为地面灌溉研究的一个有用的基础性工具。分析模块可以用来分析评价田间灌溉观测数据，估计入渗参数等；模拟模块可以评价地面灌溉的灌水效率、深层渗漏率、灌水均匀度等；设计模块可根据基础数据计算出一个设计结果可行域，从可行域中，选择满意的设计方案；运行管理模块可以对地面灌溉入流流量、灌水时间、改水成数等运行管理参数进行优化。该软件各模块详细使用方法可参考本书附录 A，下面以一个算例说明该软件在畦灌设计中的应用，并将设计结果与传统方法计算结果作一比较。

【例 5-3】 某灌区，小麦拔节期需要灌溉，设计灌水定额为 45 m^3/亩（即 67.5 mm），入畦流量为 10.5 L/s，畦田纵向坡度为 0.3%，畦尾封闭。经土壤入渗试验实际测定，畦田内第一小时的平均入渗率 $k = 70$ mm/h，入渗指数 $a = 0.62$。要求：利用 WinSRFR 软件确定畦田长度、畦田宽度及灌水时间。

解： 运行 WinSRFR 软件，打开主窗口。

（1）在主窗口中，单击 Physical Design（系统设计）方形按钮，打开地面灌溉设计过程的初始窗口（Design World），见图 5-3。

在 Cross Section（横断面）框架中选择 Basin/Border（畦灌）；在 Upstream Condition（上游条件）框架中选择 No Drainback（无尾水回流重复利用）；在 Downstream Condition（下游条件）框架中选择 Blocked End（畦尾封闭），若畦尾不封闭，则选第一个按钮；对于本例，已确定入畦流量，则在 Design Contours（设计等值线）框架中选择第一个单选按钮，即选择 "Give a Border Inflow Rate…"（给定入畦流量），若给定畦田宽度，则选择第二个单选按钮。

（2）打开 System Geometry（系统几何尺寸）窗口。Border Length（畦长）和 Border

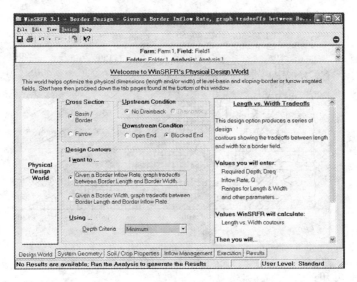

图5-3　畦灌设计过程的初始窗口

Width（畦宽）为待定值，不需输入。畦埂高度采用默认值300 mm；在Slope（坡度）文本框中输入畦田纵坡0.003。若为水平畦灌，则坡度文本对话框中输入0。

（3）打开Soil/Crop Properties（土壤/作物特性）窗口。在Roughness（糙率）框架中，根据提示选定糙率为0.10，在Infiltration（入渗）框架中Infiltration Function（入渗函数）采用Kostiakov Function（考斯加可夫公式），在k和a的文本框中，分别输入渗率70.0 mm/h和入渗指数0.62。

（4）打开Inflow Management（入流管理）窗口。在Required Depth（要求灌水深）文本框中输入67.5 mm。在Inflow Rate（入畦流量）文本框中输入10.5 L/s，Cutoff Time（灌水时间）是待求值，不需输入。

（5）打开Execution（执行）窗口。在Design Parameters（设计参数）框架中的各设计参数是前面已输入的参数。在Contour Definition（等值图定义）框架中，确定灌水效率、灌水均匀度等指标等值线图中畦长和畦宽的范围，若需不同指标等值线叠加，则单击Add Contour Overlay加以设定。本例畦长范围取20~200 m，畦宽范围取3~8 m。在Tuning Factors（校正因子）框架中，SigmaY一般不需调整，Phi 0、Phi 1、Phi 2、Phi 3等校正因子可通过等值线图中畦长和入畦流量范围内的某组畦长和畦宽来确定，通常选择畦长的上限和畦宽的中间值。单击Estimate Tuning Factors（估计校正因子）按钮，即得Phi 0、Phi 1、Phi 2、Phi 3等校正因子的数值。最后单击运行控制框架中的Run Design（运行设计）按钮，开始设计计算。

（6）运行计算结束后自动打开Results（设计结果）窗口的Input Summary（输入参数汇总）页面。点击设计结果窗口中其他各选项卡，可观察各种计算结果。例如，打开PEAmin（潜在灌水效率）选项卡，得灌水效率等值线图，见图5-4。灌水效率等值线图是选择设计方案的主要依据，必要时也可参考灌水均匀度、渗层渗漏等等值线图。

选定图5-4中某点，右击鼠标，在弹出菜单中选择"Choose Solution at This Point"，即可获得该点的畦长、畦宽、灌水效率、灌水储存率、灌水均匀度、灌水时间等详细信

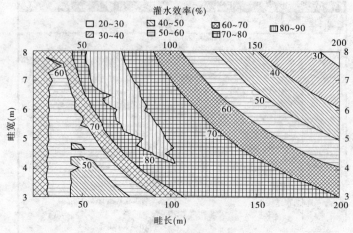

图 5-4　灌水效率等值线图

息。根据图 5-4 可知：

（1）畦长取 90 m、畦宽取 5 m，是较为合理的方案，此时灌水效率达 81.1%，灌水时间为 0.97 h。

（2）若取例 5-1 的计算结果，即畦宽为 3 m、畦长为 176 m、入畦流量为 10.5 L/s，则灌水效率只有 74.7%，需要灌水时间为 1.26 h（若按例 5-1 确定的灌水时间 0.94 h，必有部分区域灌水量达不到设计要求）。

由此可见，传统方法设计结果存在不足之处，有条件时应尽量采用地面灌溉水流模拟软件设计地面灌溉。

第三节　节水型畦灌技术

近年来，为节约灌溉用水、提高灌水质量、降低灌水成本，我国推广应用了许多先进的节水型畦灌技术，取得了明显的节水和增产效果。这些节水型畦灌技术主要包括水平畦灌、小畦灌、长畦分段灌、宽浅式畦沟结合灌等。

一、水平畦灌技术

（一）水平畦灌的特点

水平畦灌是田块纵向和横向两个方向的田面坡度均为零时的畦田灌溉方法，是一种先进的节水灌水技术。水平畦灌实施灌水时，通常要求引入畦田的流量很大，以使进入畦田的薄水层水流能在很短时间内迅速覆盖整个畦田田面，然后以静态方式在重力作用下逐渐渗入作物根系层土壤中。

水平畦灌的畦田田面各方向的坡度都很小，整个畦田田面可看做水平田面。所以，水平畦田上的薄层水流在田面上的推进过程将不受畦田田面坡度的影响，而只借助于薄层水流沿畦田流程上水深不同所产生的水流压力向前推进。推进阶段结束后，蓄在水平畦田的水层主要借助重力作用，以静态方式逐渐渗入作物根系土壤区内，因此它的水流消退曲线是一条水平直线。

如图 5-5 所示，某水平畦田的长度和
宽度均为 183.0 m，种植紫花苜蓿。引入
水平畦田的总流量为 0.43 m³/s。从水平畦
田的一角放水，流到对角仅用了 125 min，
然后经过 18.5 h，畦田上的薄层水流就全
部渗入土壤内。图内曲线为薄层水流推进
前峰曲线，曲线上的数字表示到达该前峰
线处的时间。

水平畦灌法具有灌水技术要求低、深层
渗漏小、水土流失少、方便田间管理和适宜
于机械化耕作，以及可直接应用于冲洗改良

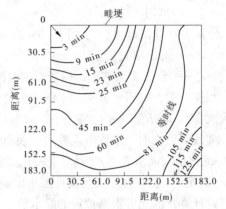

图 5-5 水平畦田水流推进曲线图

盐碱地等优点。与传统畦灌相比，水平畦灌可节水 20% 以上。在土壤入渗速度较低的条
件下，田间灌水效率可达 95% 以上，灌水均匀度可达 90% 以上，因而在美国等一些国家
已得到广泛应用。

水平畦灌法对土地平整的要求较高，水平畦田地块必须进行严格平整。以往采用传
统的土地平整测量方法和平整工具，既费工又很难达到精确的平整精度，但是由于激光
控制土地平整技术的出现，高精度平整土地已经很容易实现，因此水平畦灌具有良好的
推广应用前景。

（二）水平畦灌的技术要求

（1）水平畦田田面的平整程度要求很高，一般要求田面高程标准偏差小于 2 cm，
因此必须进行严格平整。采用传统的土地平整测量方法和平整工具很难达到精确的平整
要求，宜采用带有激光控制装置的铲运机进行平整。

（2）水平畦灌对畦田的形状没有要求，可以为任意形状，只需田块四周封闭即可，
但田埂高度必须满足畦田蓄水要求，以免发生灌溉水漫溢流失。

（3）进入水平畦田的流量要求大一些，以便入畦水流能在短时间内迅速布满整个
畦田地块，从而保证各处灌溉均匀。在畦田面积较大的情况下，可在水平畦田内沿两侧
在畦埂内侧或在畦灌内适当位置布置畦沟，以便灌溉水流快速推进。这些畦沟在遇暴雨
时，还可起到加快排除田间雨涝的作用。

（4）由于水平畦田宽度较大，为保证畦田在整个宽度上都能按确定的单宽流量均
匀灌水，应采用与之相适应的田间配水方式、田间配水装置及田间配水技术。可以开设
两个或两个以上放水口，或利用多个移动式虹吸管放水。田块更大时，灌溉水流可以从
畦田四周多点进入。由于水平畦灌供水流量较大，因此在水平畦田进水口处还需要有较
完善的防冲措施。

（5）水平畦田灌溉的供水时间可按下式计算

$$t = \frac{mL - 1\ 000\ h_a L}{60q} + t_L \tag{5-14}$$

式中　t——供水时间，min；

　　　m——灌水定额，mm；

L——畦田长度，m；

h_a——畦田地表平均水深，mm；

q——畦田单宽流量，mm；

t_L——水流覆盖整个田面所需的时间，min。

根据经验，畦田地表平均水深约为最大水深的80%，因此若已知畦首水深 h_m（即最大水深），则 $h_a = 0.8 h_m$。

实践研究表明，水流覆盖整个田面所需的时间 t_L 与设计灌水定额所对应的入渗时间 t_N 的比值与灌水效率 E_a 具显著的相关关系（见表5-5），因此可以根据设定的灌水效率 E_a 确定 t_L 与 t_N 的比值。设计灌水定额所对应的入渗时间 t_N 可以根据考斯加可夫公式进行计算，因此可根据拟定的灌水效率求得水流覆盖整个田面所需的时间 t_L。

表5-5　t_L/t_N 与灌水效率 E_a 的关系

E_a（%）	t_L/t_N	E_a（%）	t_L/t_N
95	0.16	80	0.58
90	0.28	75	0.80
85	0.40	70	1.08

水平畦灌设计也可利用 WinSRFR 软件完成，设计过程与例5-3相同，与一般畦灌不同的是，在畦田纵坡数值应输入0。

水平畦灌法适用于所有种类的作物和各种土壤条件，包括密植作物、宽行距作物以及树木等。水平畦灌法尤其适用于土壤入渗速度比较低的黏土或壤土，但实践证明，水平畦灌对于砂性土壤也是一种良好的节水灌溉方法，只是畦田面积要小一些，以保证达到满意的灌水均匀度。

二、小畦灌灌水技术

小畦灌是我国北方麦区一项行之有效的田间节水灌溉技术，在河北、山东、河南、陕西等省均有相当规模的推广和应用。小畦灌灌水技术主要是指畦田"三改"灌水技术，也就是"长畦改短畦，宽畦改窄畦，大畦改小畦"的畦灌灌水技术。

（一）小畦灌灌水技术的主要技术要素

小畦灌的技术要素包括畦长、畦宽、入畦流量等，应根据不同的土壤质地、田面坡度和地下水埋深，通过对比试验选择灌水均匀度、田间灌水效率及灌溉水储存率较高的灌水技术要素组合作为灌水的依据。

通常，小畦灌"三改"灌水技术适宜的技术要素为：畦田地面坡度为0.1%～0.25%，单宽流量为2.0～4.5 L/(s·m)，灌水定额为20～45 m³/亩；畦田长度，自流灌区以30～50 m为宜，最长不超过70 m，机井和高扬程提水灌区以30 m左右为宜；畦田宽度，自流灌区以2～3 m为宜，机井提水灌区以1～2 m为宜；畦埂高度一般为0.2～0.3 m，底宽0.4 m左右，地头埂和路边埂可适当加宽培厚。

（二）小畦灌灌水技术的优点

（1）节约水量，易于实现小定额灌水。大量试验资料表明，入畦单宽水量一定时，灌水定额随畦长的增加而增大，也就是说，畦长越长，畦田水流的入渗时间越长，因而灌水量也就越大。小畦灌通过缩短畦长，减小灌水定额，一般不超过 45 m³/亩，可节约水量 20% ~ 30%。

（2）灌水均匀，灌水质量高。小畦灌畦块面积小，水流流程短且比较集中，水量易于控制，入渗比较均匀，可以克服"高处浇不上，低处水汪汪"等不良现象。据测试，不同畦长的灌水均匀度为：当畦长为 30 ~ 50 m 时，灌水均匀度都在 80% 以上，符合科学用水的要求；而当畦长大于 100 m 时，灌水均匀度则达不到 80%。

（3）防止深层渗漏，提高田间水的有效利用率。由于小畦灌深层渗漏很小，从而可防止灌区地下水位上升，预防土壤沼泽化和土壤盐碱化的发生。灌水前后对 200 cm 深度土层土壤含水率进行测定发现：当畦长为 30 ~ 50 m 时，未发现深层渗漏（即入渗未超过 1.0 m 土层深度）；畦长为 100 m 时，深层渗漏量较少；畦长为 200 ~ 300 m 时，深层渗漏量平均要占灌水量的 30% 左右，几乎相当于小畦灌法灌水定额的 50%。

（4）减轻土壤冲刷，减少土壤养分淋失，减轻土壤板结。传统畦灌的畦块大、畦块长、灌水量大，容易严重冲刷土壤，易使土壤养分随深层渗漏而损失；而小畦灌灌水量小，有利于保持土壤结构，保持和提高土壤肥力，促进作物生长。测试表明，小畦灌可增加产量 10% ~ 15%。

（5）土地平整费用低。由于畦块面积小，对整个田块平整度要求不高，只要保证小畦块内平整就行了，这样减少了大面积平地的土方工程量，节省了土地平整费用。

三、长畦分段灌灌水技术

长畦分段灌又称长畦短灌，是我国北方一些渠、井灌区在长期的灌水实践中摸索出的一种节水灌溉技术。灌水时，将一条长畦分为若干个没有横向畦埂的短畦，采用低压塑料薄壁软管或地面纵向输水沟，将灌溉水输送入畦田，然后自下而上或自上而下依次逐段向短畦内灌水，直至全部短畦灌完。长畦分段灌布置示意如图 5-6 所示。

长畦分段灌若用输水沟输水和灌水，同一条输水沟第一次灌水时，应由长畦尾端的短畦开始自下而上分段向各个短畦内灌水；第二次灌水时，应由长畦首端开始自上而下向各分段短畦内灌水，输水沟内一般仍可种植作物。长畦分段灌若用低压塑料软管输水、灌水，每次灌水时均可将软管直接铺设在长畦田面上，软管尾端出口放置在长畦的最末一个短畦的上端放水口处开始灌水，该短畦灌水结束后可采用软管"脱袖法"脱掉一节软管，自下而上分段向短畦内灌水，直至全部短畦灌水结束。

这种方法在陕西关中西部、新疆、山东、河北和辽宁等地区得到普遍推广应用，仅山东平度县就已推广 79.95 万亩以上，约占全县井灌面积的 60%。

（一）长畦分段灌的技术要素

长畦分段灌的畦宽可以宽至 5 ~ 10 m，畦长可达 200 m 以上，一般在 100 ~ 400 m，但其单宽流量并不增大。

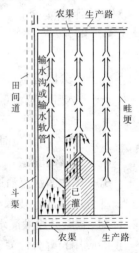

图 5-6　长畦分段灌布置示意图

采用这种灌水技术时，要求正确确定入畦灌水流量、分段进水口的间距（即短畦长度与间距）和分段改水时间。

1. 单宽流量

依据畦灌灌水技术要素之间的关系可知，进入畦田的总灌水量应与计划灌水量相等，即

$$3\,600qt = mL$$

式中　q——入畦单宽流量，$L/(s \cdot m)$；

　　　t——畦首处畦口的供水时间，h；

　　　m——灌水定额，mm；

　　　L——畦长，m。

由上式即可计算已知畦田长度情况下的入畦单宽流量。由上式可知，在相同的土质、地面坡度和畦长情况下，入畦单宽流量的大小主要与灌水定额有关。在不同条件下应引用不同的入畦单宽流量，以控制达到计划的灌水定额。地面坡度大的畦田，入畦单宽流量应选小些；地面坡度小的畦田，入畦单宽流量则可选大些。如在相同地面坡度条件下，畦田长，入畦单宽流量可大些；畦田短，入畦单宽流量可小些。砂土畦田渗水快，入畦单宽流量应大些；黏土或壤土畦田渗水慢，入畦单宽流量宜小些。地面平整差的畦田，入畦单宽流量可大些；地面平整好的畦田，入畦单宽流量可小些。

2. 分段进水口的间距

根据水量平衡原理及畦灌水流运动基本规律，在满足计划灌水定额和十成改水的条件下，计算分段进水口的间距的基本公式如下：

对于有坡畦灌

$$L_0 = \frac{40q}{1+\beta_0}\left(\frac{1.5m}{k}\right)^{\frac{1}{a}} \tag{5-15}$$

对于水平畦灌

$$L_0 = \frac{40q}{m}\left(\frac{1.5m}{k}\right)^{\frac{1}{a}} \tag{5-16}$$

式中　L_0——分段进水口间距，m；

　　　q——入畦单宽流量，$L/(s \cdot m)$；

　　　m——灌水定额，$m^3/$亩；

　　　k——第一个单位时间内的土壤平均入渗率，mm/min；

　　　a——入渗指数；

　　　β_0——地面水流消退历时与水流推进历时的比值，一般 $\beta_0 = 0.8 \sim 1.2$。

长畦分段灌灌水技术要素还可以参照表5-6。

（二）长畦分段灌灌水技术的优点

正确应用长畦分段灌，能达到省水、省地、灌水均匀度高、灌溉水有效利用率高的目的。实践证明，长畦分段灌是一种良好的节水型灌溉方法，它具有以下优点。

（1）节水。长畦分段灌灌水技术可以实现灌水定额 30 $m^3/$亩左右的低定额灌水，灌水均匀度、田间灌水储存率和田间灌水效率均大于80%。与畦田长度相同的传统畦

灌技术相比较，可节水 40% ~ 60%，田间灌水效率可提高 1 倍左右或更多。

表 5-6　长畦分段灌灌水技术要素

序号	输水沟或灌水软管流量（L/s）	灌水定额（m³/亩）	畦长（m）	畦宽（m）	单宽流量（L/(s·m)）	单畦灌水时间（min）	长畦面积（亩）	分段长度×段数（m×段）
1	15	40	200	3	5.00	40.0	0.9	50×4
				4	3.76	53.3	1.2	40×5
				5	3.00	66.7	1.5	35×6
2	17	40	200	3	5.67	35.0	0.9	65×3
				4	4.25	47.0	1.2	50×4
				5	3.40	58.8	1.5	40×5
3	20	40	200	3	5.00	30.0	0.9	65×3
				4	4.00	40.0	1.2	50×4
				5	3.67	50.0	1.5	40×5
4	23	40	200	3	7.67	26.1	0.9	70×3
				4	5.76	34.8	1.2	65×3
				5	4.60	43.5	1.5	50×4

（2）省地。长畦分段灌灌溉设施占地少，可以省去 1 ~ 2 级田间输水渠沟，且畦埂数量少，可以减少田间做埂的用工量，同时节约耕地。

（3）适应性强。与传统的畦灌技术相比，长畦分段灌可以灵活适应地面坡度、糙率和种植作物的变化，可以采用较小的单宽流量，减少土壤冲刷。

（4）易于推广。该技术投资少，节约能源，管理费用低，技术操作简单，因而经济实用，易于推广应用。

（5）便于田间耕作。田间无横向畦埂或渠沟，方便机耕和采用其他先进的耕作方法，有利于作物增产。

四、宽浅式畦沟结合灌水技术

宽浅式畦沟结合灌水技术，是群众创造的一种适应"二密一稀"间作套种的灌水畦与灌水沟相结合的灌水技术。通过近年来的试验和推广应用，已证明这是一种高产、省水、低成本的优良灌水技术。

（一）宽浅式畦沟结合灌水技术的特点

（1）畦田和灌水沟相间交替更换，畦田面宽为 40 cm，可以种植两行小麦（即"二密"），行距 10 ~ 20 cm。

（2）小麦播种于畦田后，可以采用常规畦灌或长畦分段灌水技术灌溉，见图 5-7（a）。

（3）小麦乳熟期，在每隔两行小麦之间浅沟内套种一行玉米（即"一稀"），套种的玉米行距为 90 cm。在此时期，如遇干旱，土壤水分不足，或遇有干热风时，可利用浅沟灌水，灌水后借浅沟湿润土壤，为玉米播种和发芽出苗提供良好的土壤水分条件，见图 5-7（b）。

（4）小麦收获后，玉米已近拔节期，可在小麦收割后的空白畦田田面处开挖灌水沟，并结合玉米中耕培土，把从畦田田面上挖出的土壤覆在玉米根部，就形成了垄梁及灌水沟沟埂，而原来的畦田田面则成为灌水沟沟底，见图 5-7（c）。这种做法，既可使玉米根部牢固，防止倒伏，又能多蓄水分，增强耐旱能力。

宽浅式畦沟结合灌溉方法，最适宜于在遭遇天气干旱时，采用"未割先浇技术"，以一水促两种作物生长。例如，在小麦即将收割之前，先在小麦行间浅沟内，给玉米播种前进行一次小定额灌水，这次灌水不仅对小麦籽粒饱满和提早成熟有促进作用，而且对玉米播种出苗或出苗后的幼苗期土层内，增加了土壤水分，提高了土壤含水率，从而对玉米出苗或出苗后壮苗也有促进作用。

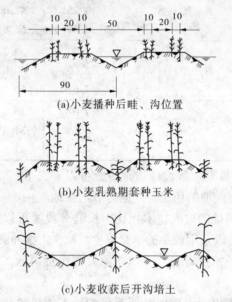

(a)小麦播种后畦、沟位置

(b)小麦乳熟期套种玉米

(c)小麦收获后开沟培土

图 5-7　宽浅式畦沟结合田轮作示意图　（单位：cm）

（二）宽浅式畦沟结合灌水技术的优点

（1）灌溉水流入浅沟以后，就由浅沟沟壁向畦田土壤侧渗湿润土壤，因此对土壤结构破坏少。

（2）蓄水保墒效果好。

（3）灌水均匀度高，灌水量小，一般灌水定额为 35 m³/亩左右即可，而且玉米全生育期灌水次数比一般玉米地还可以减少 1~2 次，耐旱时间较长。

（4）能促使玉米适当早播，解决小麦、玉米两茬作物"争水、争时、争劳"的尖锐矛盾和随后的秋夏两茬作物"迟种迟收"的恶性循环问题。

（5）通风透光好，培土厚，作物抗倒伏能力强。

（6）施肥集中，养分利用充分，有利于两茬作物获得稳产、高产。

宽浅式畦沟结合灌水技术是我国北方广大旱作物灌区值得推广的节水灌溉新技术。但是，它也存在一定缺点，主要是田间沟、畦多，沟和畦要轮番交替更换，劳动强度较大，费工也较多。

第六章　沟灌技术

第一节　沟灌概述

一、沟灌的特点

沟灌是在作物行间开挖灌水沟，灌溉水由输水沟或毛渠进入灌水沟后，在流动的过程中，主要借重力和毛细管作用湿润土壤的一种灌溉方法。沟灌与畦灌相比较，具有明显的优点，主要表现在以下几方面：

（1）作物根部土壤表面不会板结，可保护土壤结构，保持根部土壤疏松，通气良好。

（2）湿润土壤均匀，减少深层渗漏，防止地下水位升高和土壤养分流失。

（3）能减少植株间的土壤蒸发损失，有利于土壤保墒。

（4）在多雨季节，可以利用灌水沟汇集地面径流，及时进行排水，起排水作用。

（5）开灌水沟时还可对作物兼起培土作用，对防止作物倒伏效果显著。

但是，沟灌需要开挖灌水沟，开沟劳动强度较大，坡地易造成土壤冲刷。

按灌水沟沟尾是否封闭，灌水沟分封闭沟和流通沟两种。灌水沟沟尾用土埂封堵的，称封闭沟。当灌溉水流入封闭沟后，一部分水量在流动的过程中渗入土壤；放水停止后，沟中仍将存蓄一部分水量，再经过一段时间，才逐渐完全渗入土壤内。因此，封闭沟适用于地面坡度较小的地区，一般地面坡度以小于1/200为宜。灌水沟的尾部不封闭的，称为流通沟。在流通沟情况下，灌溉水流入灌水沟后，在流动的过程中全部渗入土壤，灌水停止后，沟中不需要也不可能存蓄水量。因此，流通沟适用于地面坡度较大或地面坡度虽小但土壤透水性亦小的地区。

我国沟灌技术主要采用封闭沟灌水（见图6-1）。流通沟在国外自动化沟灌系统中较常用，但需要尾水回收再利用系统，以及相应的回收再利用装置（见图6-2）。

我国的细流沟灌在放水停止后沟中一般不存余水，但仍可以归属封闭沟类型，这是因为实施中灌水沟尾常用低土埂封堵，以防灌水控制不当，发生沟尾泄水现象。

垄沟灌水是一种特殊类型的沟灌，用来灌溉小麦等散播作物。在我国南方干旱年份对小麦进行补充性灌溉时，往往采用垄沟灌水。

根据灌水沟纵向有无坡降，灌水沟可分有坡沟和水平沟。传统的沟灌一般为有坡沟灌。水平沟灌是用沟底水平、尾端有埂的灌水沟蓄水并渗入土壤的沟灌。水平沟灌采用大流量供水，在尽可能短的时间内，向沟内注入需要灌溉的水量，然后在重力和毛细管力作用下湿润沟底及两侧土壤。与传统的有坡沟灌相比，水平沟灌可以达到更高的灌水均匀度，在一些发达国家已得到广泛推广。

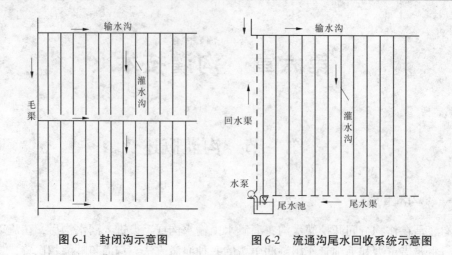

图 6-1　封闭沟示意图　　　图 6-2　流通沟尾水回收系统示意图

二、沟灌的适用条件

（一）作物种类

沟灌适用于许多作物，特别是宽行距作物，如玉米、棉花、大豆等，某些宽行距的蔬菜也可采用沟灌。窄行距作物一般不适合用沟灌。某些作物根茎淹水后易受到伤害，也需要采用沟灌，如马铃薯、白菜、番茄等。沟灌也适用于果树灌溉，在苗期一条灌水沟即可满足供水要求，对于成龄果树，往往需要两条灌水沟才能满足供水要求，也可采用一种曲折的灌水沟来增加供水量。

（二）地面坡度

具有均匀或微小坡度的地形均适用于沟灌。传统的沟灌坡度不低于 0.05%，以便水流推进，或排除多余的雨水。在干旱地区，为防止土壤侵蚀，灌水沟的坡度也不宜大于 2.0%。在湿润地区，雨水强度更大，因此最大坡度以不大于 0.3% 为宜。灌水沟一般沿地面坡度方向布置，如地面坡度较大，可以斜交等高线布置，以保证灌水沟的坡度在适宜的范围内。在坡度较大的坡地上，可沿等高线修筑灌水沟，然而在这种情况下，要控制灌水沟的坡度比较困难。

如果在地面坡度大于 3.0% 的坡地上建立沟灌系统，可能会产生严重的侵蚀。对于这种坡面，宜先修筑梯田，再在梯田上修筑灌水沟。

（三）土壤质地

沟灌比较适宜的土壤是中等透水性的土壤。像畦灌一样，砂性很重的土壤会在灌水沟首部产生过多的深层渗漏，不能保证灌水的均匀度，因此不适合传统有坡沟灌。对这种砂性很重的土壤，采用水平沟灌可以改善灌水质量。若采用膜上沟灌（见第八章），可取得更好的效果。

容易结皮的土壤特别适宜沟灌，因为灌水沟不易冲蚀，而且能保护作物根部疏松的土壤结构。为了形成结皮，加快灌水沟输水速度，灌溉时可分两次（或三次）向灌水沟供水，两次供水间隔一段时间，这样后一次灌水可以在前一次灌水形成结皮的条件下，输水更快，从而减少首部深层渗漏，提高灌水均匀度。

三、灌水沟的规格

灌水沟的规格主要指灌水沟的间距、灌水沟的长度和灌水沟的断面结构等。灌水沟规格的确定是否合理，将对沟灌灌水质量、灌水效率、土地平整工作量以及田间灌水沟的布置等影响很大，应依据沟灌田间试验资料和群众沟灌灌水实践经验认真分析研究，合理确定。通常，灌水沟的规格由自然环境决定（如坡度、土壤类型、入沟流量大小等），但是其他一些因素（如灌水量、耕作习惯和田块长度等）也影响灌水沟规格的确定。

（一）灌水沟长度

确定灌水沟的长度需考虑地面坡度、土壤类型、入沟流量、灌水定额、耕作实践和农田长度等因素。

（1）地面坡度。较陡的地面坡度，灌水沟可以更长一些；反之，灌水沟宜短一些。

（2）土壤类型。在砂土地上水入渗很快，灌水沟应该短一些，以便水流能推进到沟尾，并减少深层渗漏。在黏土地上，入渗速度较小，灌水沟可长一些。

（3）入沟流量。灌水沟流量一般在 0.5 L/s 左右。若灌水沟流量较大，水流推进较快，灌水沟可长一些。但入沟流量也不宜大太，以防止发生侵蚀。最大的允许入沟流量与灌水沟坡度有关，但在任何情况下，灌水沟流量都不宜大于 3.0 L/s。

（4）灌水定额。灌水定额较大，则灌水沟应长一些。加长灌水沟可以增加水的流动时间，从而增加水的入渗时间。

根据灌溉试验结果和生产实践经验，一般砂壤土上的灌水沟长为 30～100 m，黏性土上的灌水沟长为 60～150 m。蔬菜作物的灌水沟长度一般较短，农作物的沟长较长。但灌水沟长度不宜超过 150 m，以防止产生田间灌水损失，影响田间灌水质量。实际应用中，可参考表 6-1 确定灌水沟长。也可根据表 6-1，在已知灌水沟土质、比降和长度的情况下，确定入沟流量。

表 6-1 灌水沟要素

土壤透水性（m/h）	沟底比降	沟长（m）	入沟流量（L/s）
强（>0.15）	>1/200	50～100	0.7～1.0
	1/200～1/500	40～60	0.7～1.0
	<1/500	30～40	1.0～1.5
中（0.10～0.15）	>1/200	70～100	0.4～0.6
	1/200～1/500	60～90	0.6～0.8
	<1/500	40～80	0.6～0.8
弱（<0.10）	>1/200	90～150	0.2～0.4
	1/200～1/500	80～100	0.3～0.5
	<1/500	60～80	0.4～0.6

注：本表引自《灌溉与排水工程设计规范》（GB 50288—99）。

在美国、英国等发达国家，农业集约规模化程度比较高，灌水沟的长度远大于国内通常采用的灌水沟长度。表6-2是英国推荐采用的灌水沟长度，供国内规模化种植程度较高的地区参考采用。根据表6-2，若土质为黏土，灌水沟坡度为0.1%，灌水定额为75 mm，入沟流量为3 L/s，则灌水沟的推荐长度为340 m。

表6-2　英国推荐的灌水沟长度　　　　　　　　　（单位：m）

坡度 (%)	最大入沟流量 (L/s)	灌水定额（mm）							
		75	150	50	100	150	50	75	100
		黏土		壤土			砂土		
0.05	3.0	300	400	120	270	400	60	90	150
0.1	3.0	340	440	180	340	440	90	120	190
0.2	2.5	370	470	220	370	470	120	190	250
0.3	2.0	400	500	280	400	500	150	220	280
0.5	1.2	400	500	280	370	470	120	190	250
1.0	0.6	280	400	250	300	370	90	150	220
1.5	0.5	250	340	220	280	340	80	120	190
2.0	0.3	220	270	180	250	300	60	90	150

（二）灌水沟的间距

灌水沟的间距，也就是沟距，应和沟灌的湿润范围相适应，并应满足农业耕作和栽培上的要求。

沟灌灌水时，由于灌溉水沿灌水沟向土壤入渗的同时，受着两种力的作用，其中重力作用主要使沿灌水沟流动的灌溉水垂直下渗，而毛细管力的作用除使灌溉水向下浸润外，亦向四周扩散，甚至向上浸润，因此沿灌水沟断面不仅有纵向下渗湿润土壤，也有横向入渗浸润土壤。灌水沟中纵、横两个方向的浸润范围主要取决于土壤的透水性能与灌水沟中的水深，也与灌水时间长短有关。由于在轻质土壤上，灌水沟中的水流受重力作用，其垂直下渗速度较快，而向灌水沟四周沟壁的侧渗速度相对较弱，所以其土壤湿润范围呈长椭圆形。在重质土壤上，毛细管力的作用较强烈，灌水沟中水流通过沟底的垂直下渗与通过沟壁的侧渗接近平衡，故其土壤湿润范围呈扁椭圆形，见图6-3。为了使土壤湿润均匀，灌水沟的间距应使土壤的浸润范围相互连接。因此，在透水性较强的轻质土壤上，其灌水沟沟距应较窄；而透水性较弱的重质土壤上，其沟距应适当加宽。不同土质条件下的灌水沟间距见表6-3。陕西省总结各灌区不同土质条件下的灌水沟间距见表6-4。

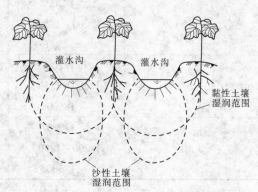

图6-3　不同土质条件下土壤灌水沟湿润范围

表6-3　不同土质条件下的灌水沟间距

土质	轻质土壤	中质土壤	重质土壤
间距（cm）	50 ~ 60	60 ~ 70	70 ~ 80

表6-4　陕西省各地不同土壤的灌水沟沟距

土质	砂壤土	黏壤土	黏土
间距（cm）	45 ~ 60	60 ~ 75	75 ~ 90

为了保证一定种植面积上栽培作物的植株数目，在一般情况下，灌水沟间距应尽可能与作物的行距相一致。作物的种类和品种不同，所要求的种植行距也不相同。因此，在实际操作中，若根据土壤质地确定的灌水沟间距与作物的行距不相适应时，应结合当地具体情况，考虑作物行距要求，适当调整灌水沟的间距。

（三）灌水沟的断面结构

灌水沟的断面形状一般为梯形、三角形或抛物线形，其深度与宽度应依据土壤类型、地面坡度，以及作物的种类等确定。为防止实施沟灌时发生漫溢，浪费灌溉水量，通常对于棉花，因行距较窄（平均行距一般为 0.55 m 左右），要求小水浅灌，故多采用三角形断面，见图6-4(a)。对于玉米，因行距较宽（一般行距为 0.7 ~ 0.8 m），灌水量较大，多采用梯形断面，见图6-4(b)。三角形断面的灌水沟，上口宽 0.4 ~ 0.5 m，沟深 0.15 ~ 0.2 m；梯形断面的灌水沟，上口宽 0.6 ~ 0.7 m，沟深 0.2 ~ 0.25 m，底宽 0.2 ~ 0.3 m。灌水沟中水深一般为沟深的 1/3 ~ 2/3。对于土壤有盐碱化的地区，由于灌水沟的顶部（即沟垄）容易聚积盐分，可以把作物种植在灌水沟的侧坡部位，以避免盐碱威胁作物生长发育。梯形断面灌水沟实施灌水后，往往会改变成为近似抛物线形断面，见图6-4(c)。

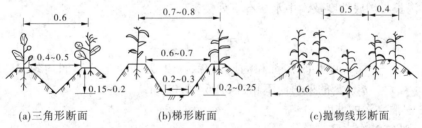

(a)三角形断面　　　　　(b)梯形断面　　　　　(c)抛物线形断面

图6-4　灌水沟断面图　（单位：m）

第二节　沟灌设计

一、传统设计方法

国内传统的沟灌设计，主要是依据灌水定额、入沟流量、沟长、灌水时间与灌水沟蓄存水深的关系。一般根据灌水定额和灌水沟蓄存水深，确定灌水时间、灌水沟长度和入沟流量。下面介绍封闭沟灌的传统设计方法。

（一）计算灌水时间

假设灌水沟无尾水流失，则灌水量应等于灌水时间内的渗入水量与放水停止后沟中蓄存水量之和，即

$$mBL = (bh + pkt^a)L \tag{6-1}$$

式中　m——灌水定额，mm；

B——灌水沟间距，m；

L——灌水沟长度，m；

h——灌水沟中平均蓄水深度，mm；

b——灌水沟平均水面宽度，m，$b = b_1 + \varphi h$，其中 b_1 为梯形断面灌水沟底宽，m，φ 为灌水沟边坡系数；

p——在 t 时间内灌水沟的平均有效湿周，m，$p = b_1 + 2vh\sqrt{1+\varphi^2}$，其中 v 为借毛细管力作用沿灌水沟边坡向旁侧渗水的校正系数，土壤渗水性能越好，系数越大，一般为 1.5 ~ 2.5；

k——第一个单位时间内的土壤平均入渗率，mm/h；

t——灌水时间，h；

a——土壤入渗指数。

由式（6-1），可得灌水时间计算公式

$$t = \left(\frac{mB - bh}{pk}\right)^{\frac{1}{a}} \tag{6-2}$$

或

$$t = \left(\frac{mB - (b_1 + \varphi h)h}{(b_1 + 2vh\sqrt{1+\varphi^2})k}\right)^{\frac{1}{a}} \tag{6-3}$$

（二）计算灌水沟长度

灌水沟长与沟底坡度及沟中水深有下列关系

$$L = \frac{h_2 - h_1}{i} \tag{6-4}$$

式中　h_2、h_1——灌水停止时沟首和沟尾水深，m，为了使土壤湿润均匀，一般规定 $h_2 - h_1$ 的差值应不超过 0.06 ~ 0.07 m；

i——灌水沟的坡度。

（三）计算入沟流量

灌水沟长与灌水时间、灌水定额的关系如下

$$3\,600qt = mBL \tag{6-5}$$

式中　q——灌水沟单沟入沟流量，L/s；

其余符号意义同前。

在灌水定额和沟长确定后，可根据灌水时间，计算入沟流量

$$q = \frac{mBL}{3\,600t} \tag{6-6}$$

为防止发生土壤侵蚀，入沟流量大小应适宜。一般灌水沟坡度较小时，入沟流量可

以大一些；灌水沟坡度较大时，入沟流量宜小一些。对于易侵蚀的土壤，灌水沟的流速不应超过 0.13 m/s；对于不易侵蚀的土壤，灌水沟的流速不应超过 0.22 m/s。

（四）确定改水成数

为保证沿灌水沟长度各点湿润土壤均匀，必须控制其各点处的土壤入渗时间大致相等，也就是应严格控制沟灌的灌水时间。在沟灌实践中，灌水时间的控制采用及时封沟改水的改水成数法。根据沟灌灌水定额、土壤透水性、灌水沟的纵坡、沟长和入沟流量等条件，改水成数可采用七成、八成、九成封沟改水，或满沟封口改水等方法。一般地面坡度大、入沟流量大或土壤透水能力小，改水成数应取低值；地面坡度小、入沟流量小，或土壤透水性强，应选取较大的改水成数。

【例 6-1】 某棉田，灌水定额为 40 m³/亩，灌水沟间距为 0.7 m，采用封闭沟灌，灌水沟坡度为 0.3%，底宽为 0.20 m，边坡系数为 1.0，沟中平均蓄水深为 6 cm，第一个单位时间内的土壤平均入渗率 $k = 48$ mm/h，土壤入渗指数 $a = 0.5$，灌水沟边坡向旁侧渗水的校正系数 $v = 2.0$。试求：①单沟灌水时间；②灌水沟长度；③单沟流量。

解：（1）灌水定额 $m = 40$ m³/亩，即 $m = 1.5 \times 40 = 60 (\text{mm})$。

$$b = b_1 + \varphi h = 0.20 + 1.0 \times 0.06 = 0.26 (\text{m})$$

$$p = b_1 + 2vh \sqrt{1 + \varphi^2} = 0.20 + 2 \times 2 \times 0.06 \times \sqrt{1 + 1.0^2} = 0.54 (\text{m})$$

代入式（6-2）得单沟灌水时间

$$t = \left(\frac{mB - bh}{pk}\right)^{\frac{1}{a}} = \left(\frac{60 \times 0.7 - 0.26 \times 60}{0.54 \times 48}\right)^{\frac{1}{0.5}} = 1.04 (\text{h})$$

（2）按式（6-4），$h_2 - h_1$ 取 0.06 m，则沟长为

$$L = \frac{h_2 - h_1}{i} = \frac{0.06}{0.3\%} = 20 (\text{m})$$

（3）按式（6-6）计算单沟入沟流量

$$q = \frac{mBL}{3\ 600t} = \frac{60 \times 0.7 \times 20}{3\ 600 \times 1.04} = 0.22 (\text{L/s})$$

以上介绍的沟灌传统设计方法存在以下不足之处：

（1）没有考虑水流在灌水沟内的推进时间和消退时间，即没有考虑沿灌水沟各点实际入渗时间的差异。在灌水沟较长时，这种简化会造成明显误差。例如，灌水沟长度达 100 m 时，水流推进时间有可能需要 1 h 左右。因此，如果不注意控制推进时间，很可能沟首灌溉已达到计划灌水定额，而沟尾尚未灌到水。

（2）对于有一定坡降的灌水沟，若灌水沟较长，在灌水停止后，首部可能会立即露出地面，只有部分灌水沟中蓄存水量，因此灌水停止后整条灌水沟均匀蓄存水量的假设不成立。

（3）利用式（6-4）确定灌水沟长度，会使灌水沟的长度明显偏短。以中等透水性土壤为例，根据规范（见表 6-1），沟底比降取 1/500～1/200 时，灌水沟适宜长度为 60～90 m，但是按 $h_2 - h_1$ 取 6.5 cm 进行计算，灌水沟长只有 13～32.5 m，这种计算长度明显低于规范推荐的长度。

（4）没有给出该设计所能达到的灌水效率、灌水均匀度、深层渗漏率、尾水率等

评价指标，因而无法评价设计结果的优劣，也难以对沟灌设计方案进行优选比较。

总之，上述传统的沟灌设计方法，适用于长度较短的灌水沟设计。灌水沟较短，有利于提高控制灌水质量，但是需要更多更复杂的田间渠系，不利于农业现代化耕作发展要求。在灌水沟长度较大时，仍采用传统的设计方法，会引起较明显误差。下面介绍基于地面灌溉水流运动模型的沟灌设计方法。

二、基于地面灌溉水流运动模型的沟灌设计

沟灌水流运动模型也包括完全水流动力学模型、零惯量模型、运动波模型和水量平衡模型四种（见第五章第二节），由于各类模型求解均比较复杂，因此实际计算可利用 WinSRFR 软件，该软件的详细使用方法参考附录。下面结合算例，介绍利用地面灌溉水流模拟软件 WinSRFR 进行沟灌设计的方法。

【例6-2】　某棉田，灌水定额 40 m³/亩（60 mm），灌水沟间距 0.7 m，采用封闭沟灌，灌水沟坡度 0.3%，底宽 0.2 m，边坡系数 1，灌水沟深 200 mm，第一个单位时间内土壤平均入渗率 $k = 48$ mm/h，土壤入渗指数 $a = 0.5$。试利用 WinSRFR 软件确定灌水沟长度、灌水沟单沟流量和灌水时间。

解：运行 WinSRFR 软件，打开主窗口。

（1）在主窗口内，单击设计模块（Physical Design）方形按钮，打开沟灌设计过程的第一个窗口（见图6-5）。

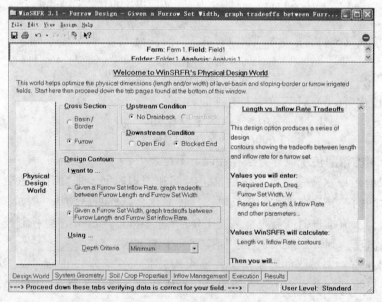

图6-5　沟灌设计过程的第一个窗口

在 Cross Section（横断面）框架中选择 Furrow（沟灌）；在 Upstream Condition（上游条件）框架中选择 No Drainback（无尾水回流重复利用）；在 Downstream Condition（下游条件）框架中选择 Blocked End（沟尾封闭），若沟尾开口，则选第一个按钮。对于本例，灌水沟间距已确定，因此在 Design Contours（设计等值线）框架中选择"Give a Furrow Set Width…"（给定每组灌水沟宽），若给定入沟流量，则选择第一个单选按

钮。

（2）打开 System Geometry（系统几何尺寸）窗口。在 Furrow Shape & Dimensions（灌水沟形状和尺寸）框架中，沟长（Border Length）为待定值，不需输入。根据本例已知条件，Furrow Spacing（灌水沟间距）和 Furrows Per Set（每组中灌水沟条数）文本对话框中分别输入 0.7 和 1。在下拉列表框中选择 Trapezoid（梯形），在 Maximun Depth（最大深度）、Bottom Width（底宽）和 Side Slope（边坡）文本对话框中，分别输入灌水沟深 200 mm、底宽 200 mm 和边坡系数 1。

在 Bottom Description（沟底描述）框架中的 Slope S0 文本对话框中输入沟底坡降 0.003。若设计水平沟，Slope S0 文本对话框中输入沟底坡降 0。

（3）打开 Soil/Crop Properties（土壤/作物特性）窗口。在 Roughness（糙率）框架中选定糙率 0.04，在 Infiltration（入渗）框架中 Infiltration Function（入渗函数）采用 Kostiakov Function（考斯加可夫公式），在 k 和 a 的文本框中，分别输入渗率 48.0 mm/h 和入渗指数 0.5。

（4）打开 Inflow Management（入流管理）窗口。在 Required Depth（要求灌水深）文本框中输入 60，在 Inflow Rate（入沟流量）和 Cutoff Time（灌水时间）为待定值，不需输入。

（5）打开 Execution（执行）窗口。在 Design Parameters（设计参数）框架中的各设计参数是前面已输入的参数。在 Contour Definition（等值图定义）框架中，确定灌水效率、灌水均匀度等指标等值线图中沟长和灌水沟组灌水流量的范围，对于本例灌水沟长度范围取 10~100 m，灌水沟单沟入沟流量范围取 0.1~1.0 L/s。若需不同指标等值线叠加，则单击 Add Contour Overlay 加以设定。在 Tuning Factors（校正因子）框架中，SigmaY 一般不需调整，Phi 0、Phi 1、Phi 2、Phi3 等调整因子可通过设定的沟长和灌水沟流量来确定，通常选择为沟长的上限和灌水沟流量的中间值。单击 Estimate Tuning Factors（估计调整因子）按钮，即得 Phi 0、Phi 1、Phi 2、Phi 3 等调整因子的数值。最后单击运行控制框架中的 Run Design（运行设计）按钮，开始设计计算。

（6）运行计算结束后自动打开 Results（设计结果）窗口的 Input Summary（输入参数汇总）页面。点击设计结果窗口中其他各选项卡，可观察各种计算结果。打开 PEAmin（潜在灌水效率）选项卡，得灌水效率等值线图，见图 6-6。

根据图 6-6，可选择灌水效率较高的沟长及入沟流量。对于本例比较合理的设计方案有：①沟长 40 m，入沟流量 0.28 L/s，灌水效率可达 95.2%，灌水时间为 1.75 h；②沟长 60 m，入沟流量 0.391 L/s，灌水效率达 91.5%，灌水时间为 1.96 h。第一组设计结果灌水效率相对较高，但灌水沟较短，不便于农田规模化经营；第二组设计结果灌水效率略低，但灌水沟较长，便于机械化耕作，可根据实际情况作出选择。单击其他选项卡，可以观察到更多的设计结果信息，限于篇幅，这里不再一一介绍。

根据图 6-6 可知，例 6-1 的设计结果（沟长为 20 m，单沟流量为 0.22 L/s）的灌水效率只有 89.4%。与上述采用计算机软件获得的设计结果相比，例 6-1 的设计结果显然不及通过计算机软件获得的上述两种设计方案，一方面灌水沟长度较短，不便于机械化耕作，另一方面在灌水效率上也不具有优势。

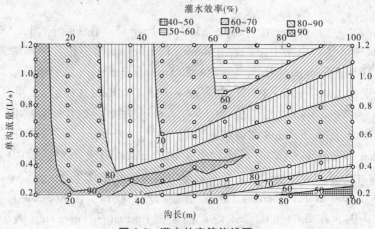

图 6-6　灌水效率等值线图

第三节　节水型沟灌技术

目前，我国实施沟灌的主要问题是，不严格按沟灌灌水技术要求灌水，灌水沟规格不合理，采用大水沟灌，浪费水现象十分严重。下面介绍几种节水型沟灌技术。

一、细流沟灌技术

（一）细流沟灌的特点及类型

细流沟灌是用短管（或虹吸管）或从输水沟上开一小口引水。流量较小，单沟流量为 0.1～0.3 L/s。灌水沟内水深一般不超过沟深的 1/2，为 1/5～2/5 沟深。因此，细流沟灌在灌水过程中，水流在灌水沟内，边流动边下渗，直到全部灌溉水量均渗入土壤计划湿润层内为止，一般放水停止后在沟内不会形成积水，故属于在灌水沟内不存蓄水的封闭沟类型。

细流沟灌的优点如下：

（1）由于沟内水浅，流动缓慢，主要借毛细管力作用浸润土壤，水流受重力作用湿润土壤的范围小，所以对保持土壤结构有利。

（2）可减少地面蒸发量，比灌水沟内存蓄水量的封闭沟沟灌蒸发损失量减少 2/3～3/4。

（3）可使土壤表层温度比存蓄水的封闭沟灌提高 2 ℃左右。

（4）湿润土层均匀，而且深度大，保墒时间长。

细流沟灌的形式一般有如下三种：

（1）垄植沟灌，见图 6-7（a）。作物顺地面最大坡度方向播种，第一次灌水前在行间开沟，作物种植在垄背上。

（2）沟植沟灌，见图 6-7（b）。灌水前先开沟，并在沟底播种作物（播种中耕作物 1 行，或密植作物 3 行），其沟底宽度应根据作物的行数而定。沟植沟灌最适用于风大，冬季不积雪而又有冻害的地区。

（3）混植沟灌，见图 6-7（c）。在垄背及灌水沟内都种植作物。这种形式不仅适用于中耕作物，也适用于密植作物。

(a)垄植沟灌　　　　　　　(b)沟植沟灌　　　　　　(c)混植沟灌

图 6-7　细流沟灌形式

（二）细流沟灌技术要素

1. 灌水时间

对于细流沟灌，由于放水停止后沟中不蓄存水量，所以灌水时间 t 内的入渗水量就该等于计划灌水量，即

$$mBL = pkt^aL$$

从而可求得细流沟灌的灌水时间为

$$t = \left(\frac{mB}{pk}\right)^{\frac{1}{a}} \tag{6-7}$$

或

$$t = \left(\frac{mB}{(b_1 + 2vh\sqrt{1+\varphi^2})k}\right)^{\frac{1}{a}} \tag{6-8}$$

2. 灌水沟长和入沟流量

对于细流沟灌，灌水沟长与灌水时间、灌水定额的关系与式（6-5）相同。若已知灌水定额、灌水时间和入沟流量，可按下式计算灌水沟长度

$$L = \frac{3\ 600qt}{mB} \tag{6-9}$$

若已知灌水定额、灌水时间和灌水沟长，则可按式（6-9）确定入沟流量。

根据实践经验，细流沟灌的入沟流量一般控制在 0.2 ~ 0.4 L/s 为最适宜，大于 0.5 L/s 时沟内将产生严重冲刷，湿润均匀度差。一般沟底宽为 12 ~ 13 cm，上口宽为 25 ~ 35 cm，深度为 15 ~ 25 cm。细流沟灌主要借毛细管力作用下渗，对于中壤土和轻壤土，一般采用十成改水。

二、沟垄灌灌水技术

沟垄灌灌水技术是在播种前，根据作物行距的要求，先在田块上按两行作物要求的宽度形成一个沟垄，在垄上种植两行作物，则垄间就形成灌水沟，留做灌水使用，见图 6-8。因此，其湿润作物根系区土壤的方式主要是靠灌水沟内的旁侧土壤毛细管力作用渗透湿润。

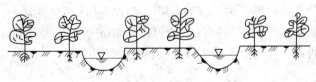

图 6-8　沟垄灌

沟垄灌方法一般适用于棉花、马铃薯等作物或宽窄行相间种植作物，是一种既可以抗旱又能防治涝渍的节水沟灌技术。

这种方法的主要优点如下：

（1）灌水沟垄部的土壤疏松，土壤通气状况好，土壤保持水分的时间持久，有利于抗御干旱。

（2）作物根系区土壤温度较高。

（3）灌水沟垄部土层水分过多时，尚可以通过沟侧土壤向外排水，从而不致使土壤和作物发生渍涝危害。

该方法的主要缺点是，修筑沟垄比较费工，沟垄部位蒸发面大，容易跑墒。

三、沟畦灌灌水技术

沟畦灌类似于畦灌中宽浅式畦沟结合的灌溉方法，见图6-9。这种沟畦灌是以三行作物为一个单元，把每三行作物中的中行作物行间部位处的土壤向两侧的两行作物根部培土，形成土垄，而中行作物只对单株作物根部周围培土，行间就形成浅沟，似沟似畦，留做灌水时使用。

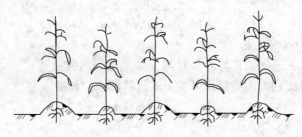

图6-9　沟畦灌

沟畦灌技术大多用于灌溉玉米作物。它的主要优点是培土行间以旁侧入渗方式湿润作物根系区土壤，根部土壤疏松，湿润土壤均匀，土壤通气性好。

四、播种沟沟灌灌水技术

播种沟沟灌主要适用于沟播作物播种缺墒时灌水使用。在作物播种期遭遇干旱时，为了抢时播种促使种子发芽，保证出苗齐、出苗壮，而采用的一种沟灌灌水技术。

播种沟沟灌的具体技术是，依据作物计划的行距要求，第一犁开沟时随即播种下籽；犁第二沟时，将翻起来的土正好覆盖住第一犁沟内播下的种子，同时立即向该沟内灌水；之后，依此类推，直至全部地块播种结束。

这种沟灌技术，种子沟土壤所需要的水分是靠灌水沟内的水通过旁侧渗透浸润得到的。因此，可以使各播种种子沟土壤不会产生板结，土壤通气性良好，土壤疏松，非常有利于作物种子发芽和出苗。播种种子沟可以采取先播种，再灌水，或随播随灌等方式，以不延误播种期，并为争取适时早播提供方便条件。

五、沟浸灌田字形沟灌灌水技术

沟浸灌田字形沟灌，是水稻田地区在水稻收割后种植旱作物的一种灌溉方法，见

图 6-10。由于采用有水层长期淹灌的稻田，其耕作层下，通常都形成有透水性较弱的密实土壤层（犁底层），这对旱作物生长期间，排除因降雨或灌溉所产生的田面积水或过多的土壤水分是不利的。据经验总结和试验资料，采用这种沟灌技术可以同时起到旱灌涝排的双重作用，小麦沟浸灌比畦灌可以节水31.2%，增产5.0%左右。

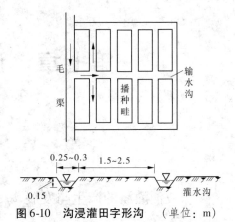

图 6-10　沟浸灌田字形沟 （单位：m）

六、隔沟交替灌灌水技术

隔沟交替灌属于一种控制性分根区交替灌溉技术。灌水时隔一沟灌一沟，在下一次灌水时，只灌上次没有灌过的沟，实行交替灌溉。隔沟灌灌水技术主要适用于作物需水少的生长阶段，或地下水位较高的地区，以及宽窄行种植作物。

隔沟交替灌溉有以下几方面好处：

（1）根系一半区域保持干燥，而另一半区域灌水湿润，在干旱区促进了根系向深层发展，根系产生的缺水信号，使作物叶片气孔开度减小，有利于减少无效蒸腾，提高了作物的水分利用效率。

（2）作物不同区域根系干湿交替，可提高根系的水分吸收能力，增加根系对水、肥的利用效率。

（3）对于部分果树，由于隔沟交替灌溉可以干湿交替，使光合产物在不同器官之间得以优化分配，提高了果实品质。

（4）可减少田间土壤的湿润面积，降低了灌溉水的深层渗漏和株间蒸发损失，实现了节水。另外，隔沟灌溉的地块有一半左右的地表面积处于相对较为干燥的状态，土壤的入渗性能较高，较多的雨水被储存在作物根系层中，从而减少了田间径流量。

隔沟交替灌溉，每沟的灌水量比正常多30%左右，但总灌溉水量比漫灌省水30%以上，比常规沟灌和固定隔沟灌省水15%以上。

为了解决因人工开口放水入沟劳动强度大，而且入沟流量控制不准，水流还容易冲大放水口，造成漫沟，浪费水量的问题，可采用虹吸管将输水沟中的水灌入沟中。

第七章　波涌灌溉技术

第一节　波涌灌溉概述

一、波涌灌溉的产生与发展

波涌灌溉（surge irrigation）是一种节水型地面灌溉技术，又称为波涌流灌溉、波涌灌、涌流灌或间歇灌，是在传统的地面沟灌、畦灌基础上发展而来的。它是一种利用间歇性地向畦（沟）中灌水，即利用几个放水和停水过程，按一定周期，交替性地向畦（沟）中供水，直到最终完成灌溉的灌溉方法。波涌灌溉与传统的地面灌溉不同之处在于，它在灌溉时，向灌水畦（沟）中供水不是连续的，每次灌水水流向前推进一定距离后，需要间隔一个时段，然后进行下一时段的灌水，如此间歇、反复地进行灌水。波涌灌溉具有明显的节水效果，并能解决长畦（沟）灌水难的问题。

波涌灌溉是 20 世纪 70 年代美国犹他州立大学在研究沟（畦）变流量灌溉时首先提出的一种地面灌溉方法，并开始了波涌沟灌的室内外试验。波涌灌溉技术在美国的发展，大致可分为 3 个阶段：

第一阶段（1978 ~ 1981），是概念的提出和特点验证阶段。1978 年，美国犹他州立大学的 Strainham 和 Keller 博士在研究变流量灌溉时，首先提出了波涌灌溉的概念，并开始了波涌流沟灌的室内外试验，试验表明，波涌灌溉的入渗率，较连续灌溉的入渗率大为减小。因此，在相同条件下，较连续灌溉具有节水和水流推进速度快等优点。

第二阶段（1982 ~ 1985），理论和技术研究阶段。Walker 等根据大田入渗及灌水试验结果，对波涌灌溉减渗机制进行了分析与探讨。在探讨波涌灌溉的减渗机制的同时，其入渗模型和田面水流运动数学模型也得到了较为深入的研究。

第三阶段（1986 年以后），应用与进一步研究阶段。第二阶段的研究使波涌灌溉理论和技术得到了长足的发展，1986 年 3 月美国专利局发布了 Strinsham 和 Keller 博士的专利"沟灌方法和系统"（Method and System for Furrow Irrigation，专利号 4577802）。同年，美国农业部颁布了国家灌溉指南技术要点之五——涌流灌溉田间指南（Surge Flow Irrigation Field Guide），使波涌灌溉技术走上了推广应用的道路。许多学者进一步对波涌灌溉进行了研究，使其成为可在实践中应用的灌溉技术。

1981 年，我国国家农业委员会曾派盐碱土改良考察组赴美国西部考察，其间参观了犹他州立大学波涌灌水技术试验研究设备以及田间灌水演示，同年考察组成员将这一灌水新技术介绍到我国。我国对波涌灌溉的研究最早开始于 1987 年。首先水利部中国农业科学院农田灌溉研究所结合国家"七五"重点科技攻关项目"节水农业体系研究"，在河南商丘试验站就波涌灌溉与传统连续灌溉的对比做了试验，研究表明，波涌灌溉水流在田间推进速度比连续畦灌输水速度快 1.3 倍以上，节水率在 30% 以上。1987 年，中国水利水电科学研究院和河南省人民胜利渠管理局共同在人民胜利渠灌区作了水利部农村水利司下达的"涌流式灌溉试验研究"课题。研究成果表明，在壤土地区，无论沟灌或畦灌采用波涌灌溉方法，均收到节水、省工、灌水均匀和灌水效率高的良好效果。1996 年，西安理工大学提出了波涌畦灌灌水技术要素设计的理论方法和经验方法，为波涌畦灌技术的推广奠定了基础。目前，波涌灌溉技术已逐渐进入实施推广阶段，必将为缓解我国水资源紧缺现状，发展节水型农业作出贡献。

二、波涌灌溉系统的组成

波涌灌溉系统主要由水源、波涌阀、自控器和田间配水管道四部分组成，见图 7-1。

图 7-1　波涌灌溉系统

（一）水源

能按时按量供给作物需水要求且符合灌溉水质要求的水库、河流、湖泊、塘坝、地下水等均可作为波涌灌溉的水源。如在井灌区可取自低压输水管道系统的给水栓（出水口），在渠灌区则取自农渠的分水闸口等。

（二）波涌阀

波涌阀按结构形式分为单向阀和双向阀两类。整个阀体呈三通结构的 T 字形，采用铝合金材料铸造。水流从进水口引入后，由位于中间位置的阀门向左、右交替分水，阀门转向由控制器控制。

（三）自控器

自控器是波涌灌溉系统的控制中心，用来实现波涌阀开关的转向，定时控制双向供水时间并自动完成切换，而内置计算机程序可自动设置阀门的关断时间间隔。控制电路板及软件是自控器的核心，通过人工方法输入相关参数，具有数字输入及显示功能，内置计算程序可用来自动设置阀门的启闭时间间隔，从而实现对波涌阀自动操作来实现闸门的间歇开启和关闭。自控器由微处理器、电动机、可充电电池及太阳能板组成，采用铝合金外罩保护。自控器和波涌阀的接口采用工业化标准，二者间使用可对插的电缆线连接，操作安全、简单。

（四）田间配水管道

配水管通常采用 PE 软管或 PVC 硬管。在配水管上设有小闸口装置，每个闸口对应小畦或沟，并可通过闸板调节闸孔流量大小。将波涌阀进水口与低压输水管道出水口或农渠分水口相联，在波涌阀两侧出水口安装带有闸孔的配水管道（即闸管），起到传统毛渠的配水作用。

三、波涌灌溉系统的类型

波涌灌溉的田间灌溉系统主要有两种，即双管系统和单管系统。

（一）双管波涌灌溉系统

如图 7-2 所示，双管波涌灌溉系统是由供水管道、配水龙头、波涌阀（自动间歇阀）、带阀门管道等组成，它一般是通过埋于地下的暗管管道把水送至田间，再通过竖管和阀门与地面上的带有阀门的管道相连接，波涌阀两侧分别布置一条管道，所以称为双管波涌灌溉系统。由于波涌阀可以自动地、间歇性地向两侧管道中供水，所以可交替性地在波涌阀两侧的管道中供水，实现了水流在管道中供水的间歇性（见图 7-3）。一处灌溉结束后，即可将水流引到下一处配水龙头，进行下一处的灌溉。双管波涌灌溉系统在美国得到了较为广泛的发展和应用，我国可在低压管道输水灌溉系统中推广应用，以替代人工控制。

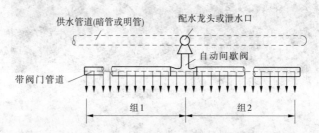

图 7-2　双管波涌灌溉系统示意图

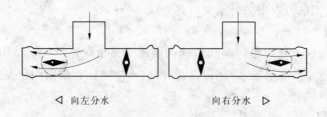

图 7-3　双管波涌灌溉系统自动间歇阀示意图

（二）单管波涌灌溉系统

如图 7-4 所示，单管波涌灌溉系统通常是由一条单独的、带有阀门的管道直接与供水处相连接，所以称为单管系统。单管系统中，管道上的各个出水口通过小水压、小气压或电子阀门控制，而这些阀门以"一"字形排列，并由一个控制器控制。

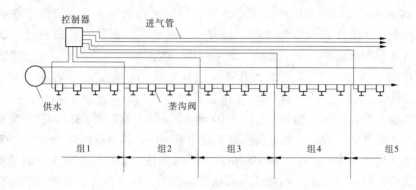

图 7-4　单管波涌灌溉系统示意图

目前，波涌灌溉自动设备还处在研究阶段，大量的工作还需要去做，特别研制适合我国大部分灌区在渠道输水条件下的波涌自动灌溉设备，是当务之急，相信在不久的将来，能有多种多样的波涌自动灌溉设备成功面世，并在实践中推广应用。

四、波涌灌溉的田间灌水方式

目前采用的波涌灌溉田间灌水方式主要有三种。

第一种，定时段 – 变流程法，亦称时间灌水方式，是指在灌水过程中，每个灌水周期的周期灌水时间、周期停水时间、周期时间及各周期内的灌水流量一定，但各周期内水流净增推进长度不等。这种方式对畦（沟）长度小于 400 m 的农田灌水效果较好。由于每个灌水周期的周期灌水时间、周期停水时间、周期时间及各周期内的灌水流量相等，所以操作起来较方便，所需自动控制设备简单，各波涌流灌溉的技术参数容易控制，比较适合我国目前的供水现实。因此，实践中多采用这种方式。

第二种，定流程 – 变时段法，亦称距离灌水方式，是指在灌水过程中，每个灌水周期的水流净增推进长度及各周期内的灌水流量一定，而各周期的周期灌水时间不等。一般情况下这种方法比定时段 – 变流程法灌水效果更好，尤其对畦（沟）长度大于 400 m 的农田灌水效果更好。但是这种灌水方式不容易控制，需要的设备复杂，劳动强度也大。

第三种，增量法。这种灌水方式是通过调整灌水流量来达到较高的灌水质量的。增量法是在第一周期内用大流量使水流快速推进至畦长的 3/4 位置时停水，在后继各灌水周期中，按定时段 – 变流程法或按定流程 – 变时段法以较小流量满足设计灌水定额的灌水要求，此方法对透水性较强的土壤较为适用。

综合考虑波涌灌溉灌水管理方便、目前各灌区供水条件（等流量供水）和技术水平，宜采用定时段 – 变流程法。

五、波涌灌溉节水机制及优缺点

（一）波涌灌溉的节水机制

由于波涌灌溉方式的改变，从灌溉效果来看，灌溉机制与传统的连续灌溉明显不同。

（1）波涌灌溉采用的是间歇式灌水方式，第一次灌水停止后，表层土壤的结构状态发生了改变，土壤块状被浸泡破碎，地表会形成土壤致密层，导致表层土壤容重增大，土壤导水率和入渗率及表层土壤孔隙率减小。陕西关中宝鸡峡灌区的波涌灌溉与连续灌溉对比试验表明，连续灌溉土壤耕作层 0~30 cm 土层土壤容重平均为 1.318 g/cm³，波涌灌溉土壤耕作层 0~30 cm 土壤容重为 1.320 g/cm³，可以看出，在 0~30 cm 土层的土壤容重变化不大。但对表层 0~10 cm 范围的土壤容重测定，波涌灌溉比常规连续灌溉容重增幅 5%~9%，而土壤孔隙率变化量则比常规连续灌减少 1%~5%，这说明间歇灌溉使得土壤容重在表层的 10 cm 内比连续灌增大，孔隙率减少。波涌灌溉技术不同于传统的连续灌溉，正是利用了各灌水周期的干、湿交替表土致密层的形成与发展过程而形成的这一特点，逐次为下一周期已湿润段的灌溉水流创造了一个有利于减少入渗量，加快水流推进速度的新边界。

（2）当第一次波涌停水后，由于土壤浸泡破碎，黏粒膨胀，致密层形成发展，土壤糙率减小，间歇一定时间后进行第二次波涌灌水，其田间水流界面流畅，犹如渠中输水，灌水进度要比上次明显加快。陕西宝鸡峡灌区田间试验，波涌沟灌比连续沟灌水流推进速度快 1.78 倍，波涌畦灌比连续畦灌流速快 1.66 倍；在相同条件下，即单宽流量为 1.36 L/(s·m)，灌水定额 330 m³/hm²（22 m³/亩），条田畦长 150 m，波涌灌溉完成只需 40 min，节省 20 min；美国犹他州立大学测试棉花波涌沟灌，在同样的流量、沟长及灌沟数情况下，灌水作业完成计时，连续灌溉为 8 h，波涌灌溉为 5 h，节省 3 h。新疆库尔勒普惠农场、玛纳斯塔西河灌区的田间试验，波涌沟灌田间水流推进速度比连续沟灌要快 1.71~3.43 倍，尤其是灌第一水时的波涌速度效果最明显。

大量的田间试验应用表明，波涌灌溉与传统的连续灌溉相比，主要的特征是：①湿润段地表致密层形成，糙率减小，水流界面流畅的物理条件改观，使得周期性流水水流推进速度加快；②土壤表层容重有所增加，形成地表致密层，土壤孔隙减少，土壤水分入渗率降低。结果使得沿畦（沟）入渗时间和入渗水量更为均匀，减少了深渗漏和尾水流量，这为节水、提高灌水效率和改善灌水质量起到了重要作用。

（二）波涌灌溉的优点

（1）节水。波涌灌溉中，水流经过上一周期湿润过的田面时，因田面的糙率减少，使水流速度加快，入渗时间缩短（特别减少了畦沟首部入渗历时），入渗能力降低，从而减少了入渗量，产生明显的节水效果，大量的田间试验证明，畦长在 140~350 m 时，波涌灌溉比连续灌溉节水 10%~40%。同时，在试验中还发现，其节水率大小与畦（沟）长、土壤和灌季有关，随着畦长的增加，波涌灌溉的节水率越大，头水比二水和三水节水率大，节水效果越好。

（2）灌水均匀度高。图 7-5 反映了波涌灌溉入渗时间及入渗量（水深）分布。由于波涌灌溉的间歇性，下次灌水时土壤表层形成致密层，使该土壤的入渗能力减小，使田面沿畦（沟）长度方向各点受水时间更加均匀，入渗量均匀，其均匀度可达 80% 以上。

（3）对灌溉水质要求不高。喷灌、微灌等节水灌溉技术有较好的节水率，但喷灌、微灌由于采用的喷头、灌水器出口较小，对水质要求都很严格，经常出现被堵现象，必须对水进行严格的拦污、过滤处理，给运行管理带来不便。波涌灌溉不论是采用人工控

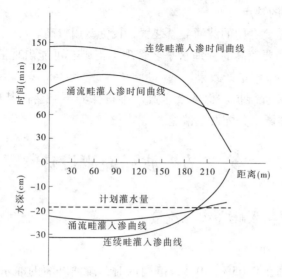

图7-5 波涌灌溉受水时间及入渗水深分布

制的方法还是自动灌溉的方法，对水质要求不高，不需要专门净化设施，没有堵塞问题，可在渠道输水或管道输水条件下直接使用，群众乐于接受。

波涌灌溉的另一个重要的特点是，可以直接用浑水进行灌溉，而且可以获得很好的灌水质量。通过清水、浑水连续灌与波涌灌溉的大田试验表明，无论清水、浑水或沟灌、畦灌，采用波涌灌溉方式，其灌水效率及储水效率均高于同条件下的连续灌溉。试验表明，在浑水情况下，采用波涌灌溉的方式，其灌水均匀度较清水波涌灌溉与连续灌溉可分别提高10%及20%左右，其灌水效率及储水效率也可分别提高20%～40%及10%～20%。

鉴于这一特点，在我国广大黄河流域灌区推广应用波涌灌溉技术，对节约灌溉用水与提高灌水质量均有着重要的现实意义。

（4）可实现自动灌溉。波涌灌溉可用一定的设备，实现灌溉自动化，根据美国经验，包括灌水自动控制器、涌流阀、PVC管等整套设备费用为80～100美元/英亩（1 650～2 040元/hm²）。目前，国内外已经研制了多种波涌灌溉自动控制设备，实现了灌溉的自动化，降低了劳动强度，为波涌灌溉的推广打下了坚实的基础。

（5）有一定的保肥增产作用。波涌灌溉不仅节水，也有一定的增产效果。波涌灌溉灌水均匀，减少了深层渗漏，灌溉水主要集中于作物根系层，肥料及土壤内的有机质不易被水流带走而流失，可充分发挥肥力，保证作物充分吸收利用，增加粮食产量。据田间示范应用测定，新疆库尔勒及昌吉州的示范区波涌灌溉比常规连续灌溉增产11%～30%。其中，库尔勒市普惠农场示范区沟灌棉花增产11.5%，奇台半截沟镇良种井灌试区春麦沟灌增产30%之多，增产效果明显。

另外，波涌灌溉还具有节能、解决长畦灌水难的特点，技术易于掌握，便于应用。因此，波涌灌溉很适合我国灌区现有社会经济、技术水平现状。为大量节约用水，缓解用水的紧缺性，大力推广波涌灌溉是非常必要的。

（三）波涌灌溉的缺点

（1）波涌灌溉需要专门的波涌灌溉装置，投资费用较高。

（2）波涌灌溉需要较高的管理水平。管理不当则有可能出现灌水不足或尾水过多等情况，达不到预期节水增产效果。

（3）波涌灌溉装置维护和保养要求高。维护保养不当会使某些阀门的控制失灵，而阀门故障会导致灌溉水分配发生偏差。

第二节　波涌灌溉设计

一、田块布置与入畦（沟）流量

（一）田面坡度

通常，畦面坡降在 0.05% ~0.5% 范围内时，波涌畦灌的灌水效率大致在 80% 左右，灌水均匀度为 83% ~93%，储水效率为 84% 左右，具有良好的灌溉性能。当灌水沟坡降为 0.01% ~1% 时，波涌沟灌的灌水效率为 81% ~87%，灌水均匀度为 85% 左右，储水效率大于 85%，波涌沟灌具有较好的灌水质量。

（二）田块规格

波涌灌溉条件下畦田宽度和灌水沟间距规格与常规畦灌和沟灌的规格基本相同，但对畦长或沟长的影响比较明显。若定义节水率为波涌灌溉灌水定额相对于同等条件下的连续灌水定额减少的百分数，则波涌畦（沟）灌较常规畦（沟）灌的节水率随畦（沟）长度的增加而增大，但畦（沟）长度超过 350 m 后，节水率开始出现下降趋势，因此其最大畦（沟）长度不宜超过 400 m。一般畦长宜为 60 ~240 m，沟长宜为 70 ~250 m。此时，不仅具有较高的节水率，而且灌水均匀度、灌水效率和储水效率都较高，总体灌水质量好。

在波涌灌条件下，合理畦长也可以由公式估算。设常规畦灌的合理畦长为 L_0，则可推导得

$$1 - \frac{R}{100} = \left(\frac{L_0}{L_s}\right)^{\alpha-1} \tag{7-1}$$

式中　R——波涌畦灌较常规畦灌的节水率（%）；

　　　L_s——波涌畦灌合理畦长，m；

　　　α——连续灌田面水流推进曲线指数，根据试验资料，$\alpha = 1.05 ~1.55$。

节水率大小与畦田规格、土质及波涌灌溉技术要素有关。由试验可知，在一定的条件下，波涌畦灌的节水率与畦长之间近似为线性关系，经拟合得

$$R = a + bL \tag{7-2}$$

式中　a、b——试验系数；

　　　L——畦田长度。

对类似于泾惠渠的黏壤土灌区，由大田灌溉试验资料得如下畦灌节水率表达式。

对于一水：

$$R = 3.5 + 0.082L \quad (60 \text{ m} \leqslant L \leqslant 350 \text{ m})$$

对于二水：

$$R = 1.4 + 0.065L \quad (60 \text{ m} \leqslant L \leqslant 350 \text{ m})$$

将式（7-2）代入式（7-1）得

$$100 - b - aL_s = 100 \left(\frac{L_0}{L_s} \right)^{\alpha-1} \quad\quad (7-3)$$

式（7-3）为波涌灌溉的合理畦长方程。可以看出，此方程是以 L_0 和 α 为参数，以 L_s 为变量的非线性方程，可采用试算法求得合理畦长。

（三）入畦（沟）流量

入畦（沟）流量，即放水流量，一般由水源、灌溉季节、田面和土壤状况确定。流量越大，田面流速越大，水流推进距离越长，灌水效率越高，但流量过大会对土壤产生冲刷，因此应综合考虑。实际应用时，波涌畦灌单宽流量和波涌沟灌的入沟流量可根据式（5-5）、式（5-6）计算。

表7-1、表7-2列出了波涌畦灌和波涌沟灌的主要技术要素，以供参考。

表7-1　波涌畦灌技术要素组合

土壤渗透系数（m/h）	畦田坡度（%）	畦长（m）	单宽流量（L/(s·m)）
>0.15	<0.2	60~90	4~6
	0.2~0.4	90~120	4~7
	0.3~0.5	120~150	5~7
	>0.5	150~180	6~8
0.10~0.15	<0.2	70~100	3~6
	0.2~0.4	90~130	4~6
	0.3~0.5	120~160	4~7
	>0.5	160~210	5~8
<0.10	<0.2	80~120	3~5
	0.2~0.4	100~140	3~5
	0.3~0.5	140~180	4~6
	>0.5	180~240	4~7

注：此表引自《地面灌溉工程技术管理规程》（SL 558—2011）。

二、波涌灌溉技术参数

波涌灌溉灌水过程和传统连续灌水过程是不相同的，波涌灌溉是将一个较长的整个灌水过程分为若干周期来进行，畦田或灌水沟周期性地（间歇性地）受水和停水，而传统的灌水则是一次性地将灌水输入田间。图7-6所示是由3个周期完成灌水的波涌灌溉过程示意图。波涌灌溉技术参数除包括传统灌水技术参数外，还包括构成波涌灌溉过程的技术参数。

表 7-2　波涌沟灌技术要素组合

土壤渗透系数（m/h）	沟底坡度（%）	沟长（m）	入沟流量（L/s）
>0.15	<0.2	70~100	0.7~1.0
	0.2~0.4	100~130	0.7~1.0
	0.3~0.5	130~160	0.8~1.2
	>0.5	160~200	1.0~1.4
0.10~0.15	<0.2	80~120	0.6~0.8
	0.2~0.4	100~140	0.6~1.0
	0.3~0.5	140~180	0.8~1.2
	>0.5	180~220	0.9~1.2
<0.10	<0.2	90~130	0.6~0.9
	0.2~0.4	120~160	0.6~0.9
	0.3~0.5	160~200	0.7~1.0
	>0.5	200~250	0.9~1.2

注：此表引自《地面灌溉工程技术管理规程》（SL 558—2011）。

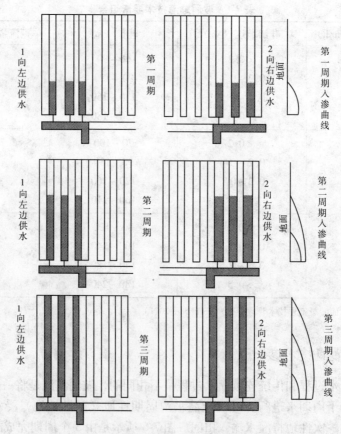

图 7-6　由 3 个周期完成灌水的波涌灌溉过程示意图

（一）灌水周期数 n

灌水周期数是指完成一次波涌灌水全过程所需的循环次数。波涌灌溉在灌水过程中分多次将畦田或灌水沟灌完，灌溉完成这一畦田需要灌水的次数即为灌水周期数。灌水周期较少时，会使每次的灌水历时增加，而失去了波涌灌溉的作用。大量试验证明，在其他条件基本相同的情况下，波涌灌溉周期数越多，即周期供水时间越短，水流平均推进速度越快，相应灌水定额越小，波涌灌溉效果越好；但当周期数增加到一定时，波涌灌溉效果就不会明显提高。灌水周期数过多时，会使改水频繁，若采用人工的方法，会增加劳动强度，管理不便，且节水效果不会增加。一般畦长在 160 m 以下时，以 2～3 周期数为宜；160 m 以上时取 3～4 周期数为宜，畦短者取小值，畦长者取大值。

（二）总供水时间 T_s

可根据波涌灌溉节水率 R 估算总供水时间。若连续灌溉灌水时间为 T_c，同条件下的波涌灌溉总供水时间为

$$T_s = \left(1 - \frac{R}{100}\right)T_c \tag{7-4}$$

式中　T_s——波涌灌溉总供水时间，h；

　　　R——波涌灌溉节水率（%）；

　　　T_c——连续灌溉灌水时间，h。

（三）周期供水时间 t_{on}

周期供水时间是指一个灌水周期内的供水时间。此参数与灌水周期数有直接关系，周期数越多，周期供水时间越短；周期数越少，周期供水时间越长。周期供水时间不宜过大或过小，过大时会降低节水作用；过小时会使改水次数增加，而使管理不便。

若采用的周期数为 n，各周期的周期供水时间相等，则周期供水时间为

$$t_{on} = \frac{T_s}{n} \tag{7-5}$$

（四）周期停水时间 t_{off}

周期停水时间是指一个灌水周期内的停水时间。它是影响灌溉节水效果的主要控制因素，周期停水时间较小，田面尚未形成光滑致密层，与连续灌水相差不大，节水效果不明显。反之，周期停水时间过长，田面将会出现龟裂现象，过水面粗糙度增加，下次灌水时会使渗漏量加大，节水效果亦变差。

（五）周期时间 t_c

周期时间是指一个灌水周期所需要的时间，它等于某次灌水的周期供水时间 t_{on} 和周期停水时间 t_{off} 之和，即

$$t_c = t_{on} + t_{off} \tag{7-6}$$

（六）循环率 r

循环率是反映供水时间相对于周期时间长短的参数。它是影响灌溉节水效果和灌水质量的重要参数，循环率过大或过小都会使节水效果变差。循环率可表示为周期供水时间 t_{on} 与周期时间 t_c 之比，即

$$r = t_{on}/t_c = t_{on}/(t_{on} + t_{off}) \tag{7-7}$$

　　循环率的大小直接影响着波涌灌溉的灌水定额，影响节水效果。如若循环率过小，间歇时间过长，可能由于田面土壤表层龟裂和水势梯度的增大，使土壤入渗率反而增大；若循环率过大，即间歇时间过短，畦田表面尚未形成致密层，则波涌灌溉与连续灌溉灌水效果差异不大，灌溉效果不理想。所以，在灌水周期数一定时，循环率的确定应使波涌灌溉在下一周期灌水前，田面无积水，并形成完善的致密层，同时不出现龟裂现象，以降低土壤的入渗能力，取得最佳的波涌灌溉效果和便于灌水管理。大量试验表明：循环率为 1/2 的波涌灌溉节水率不如循环率为 1/3 的明显，而循环率为 1/3 和 1/4 的灌水效果接近。对于黏壤土灌区，循环率取 1/3 为宜；对于透水性较强的土壤，间歇时间较短就可形成完善的致密层，所以循环率取为 1/2。

　　当循环率确定后，周期停水时间可由下式计算

$$t_{off} = (1/r - 1)t_{on} \tag{7-8}$$

完成波涌灌灌水过程总时间为

$$T = nt_{on} + (n-1)t_{off} = T_s + (n-1)t_{off} \tag{7-9}$$

　　此 6 个参数构成了波涌灌水过程的技术参数，6 个参数中只要确定了总供水时间、灌水周期数和循环率 3 个参数就可求得其他参数。实际上这 3 个参数是波涌灌溉设计所需的主要依据，其余参数均可由相关关系式求得。综上所述，所需确定的波涌灌溉技术参数主要有畦田或灌水沟的规格、入畦（沟）流量、总供水时间、灌水周期数及循环率等。

【例 7-1】 某灌区小麦采用波涌畦灌，畦长 150 m，畦宽 3 m，畦埂高 0.20 m，畦田坡度为 0.3%，经土壤入渗试验测定，第一小时内平均入渗率 $k = 120$ mm/h，入渗指数 $a = 0.69$，连续灌条件下计划灌水定额为 50 m^3/亩（即 75 mm 水深），波涌灌溉节水率 $R = 20\%$。试求灌水延续时间和入畦单宽流量。

解：（1）根据式（5-2），计算连续灌溉情况下的灌水时间

$$T_c = \left(\frac{m}{k}\right)^{\frac{1}{a}} = \left(\frac{75}{120}\right)^{\frac{1}{0.69}} = 0.51 (\text{h})$$

将 $T_c = 0.51$ h，$m = 75$ mm，$L = 150$ m，代入式（5-5）可得入畦的单宽流量

$$q = \frac{mL}{3\,600T_c} = \frac{75 \times 150}{3\,600 \times 0.51} = 6.13 \ (\text{L/s})$$

（2）根据式（7-4），计算波涌灌溉供水时间

$$T_s = \left(1 - \frac{R}{100}\right)T_c = \left(1 - \frac{20}{100}\right) \times 0.51 = 0.41 (\text{h})$$

（3）拟定灌水周期数 $n = 3$，根据式（7-5）得周期供水时间为

$$t_{on} = \frac{T_s}{n} = \frac{0.41}{3} = 0.14 (\text{h})$$

取循环率 $r = 2$，则周期停水时间 $t_{off} = t_{on} = 0.14$ h，灌水周期时间为

$$t_c = t_{on} + t_{off} = 0.14 + 0.14 = 0.28 (\text{h})$$

（4）根据式（7-9），计算完成波涌畦灌灌水过程总时间

$$T = T_s + (n-1)t_{off} = 0.41 + (3-1) \times 0.14 = 0.69 (\text{h})$$

（5）根据式（5-6）和式（5-7），计算最大允许单宽流量和最小允许单宽流量，即

$$q_{max} = 0.18S_0^{-0.75} = 0.18 \times 0.003^{-0.75} = 14.0(\text{L}/(\text{m} \cdot \text{s}))$$

$$q_{min} = \frac{0.006LS_0^{0.5}}{n} = \frac{0.006 \times 150 \times 0.003^{0.5}}{0.10} = 0.5 \ (\text{L}/(\text{m} \cdot \text{s}))$$

根据式（5-8），计算畦首水深

$$y_0 = \left(\frac{qn}{1\,000S_0^{0.5}}\right)^{0.6} = \left(\frac{6.13 \times 0.10}{1\,000 \times 0.003^{0.5}}\right)^{0.6} = 0.11(\text{m})$$

计算结果表明，单宽流量和畦埂高均满足要求。

第三节　波涌灌溉设备

波涌灌溉设备主要是指波涌灌溉系统中的波涌阀和自控器。

一、国外波涌灌溉设备

（一）波涌阀

国外开发的波涌灌溉系列设备中，波涌阀的结构主要有两种类型：一类是气囊阀，以水力或气体驱动为动力；另一类是机械阀，以水力或电力驱动为动力。

水动式气囊阀（见图7-7）靠供水管道中的水压运行，控制器改变阀门内每只气囊的水压。当一只气囊受到水的压力时，便充气膨胀，关闭它所在一侧的水流，而对面的另一只气囊打开并连通大气，排气变小而使水流通过它所在一侧流出。

蝶形机械阀（见图7-8）的构造各式各样，有向右或向左转动分水的单叶阀，也有交替开关向右或向左转动分水的双叶阀，这些阀门以蓄电池、空气泵或内带可充电电池的太阳能作为动力。

水动式气囊阀和蝶形机械阀目前在美国市场上都可看到，但后者的商品化程度较高、使用的数量也较多，尤以单阀叶的机械阀为主。整个阀体呈三通结构的 T 字形，采用铝合金材料铸造。水流从进水口引入后，由位于中间位置的阀门向左、右交替分水，阀门由控制器中的电动马达驱动。

欧洲一些国家，如葡萄牙生产的波涌阀为双阀叶系统，不同于美国的波涌灌系列产品。它主要采用一台控制器和减速箱，通过联动机构同时控制波涌阀的左右阀门运行，其工况只有两种状态，即左开右关或右开左关，而且开关状态同时完成。

（二）自控器

自控器由微处理器、电动机、可充电电池及太阳能板组成，采用铝合金外罩保护。自控器用来实现波涌阀开关的转向，定时控制双向供水时间并自动完成切换，实现波涌灌溉的自动化。自控器多采用程序控制的方式，其中的计算程序可自动设置蝶形阀的开关时间间隔，自控器可由太阳能板自行充电维持运行。

目前，美国市场上的自控器产品主要有两种类型：STAR 控制器和 PRO JR Ⅱ 控制器。这两种自控器的构造及功能基本上一致，不同之处在于 PRO JR Ⅱ 控制器的参数输入是旋钮式的，而 STAR 控制器则是触键式的，具有数字输入及显示功能。两类控制器均能与任意尺寸的波涌阀相连接。

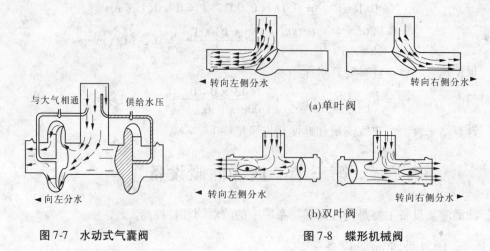

图 7-7　水动式气囊阀　　　　　　图 7-8　蝶形机械阀

二、国产波涌灌溉设备

我国自行研发并已批量生产的波涌灌溉设备也由波涌阀和自控器组成（见图 7-9）。波涌阀整个阀体为全铝合金材质，工业化铸模制造。采用双阀结构形式使波涌阀在具备水流换向功能的同时，在双阀关闭时又具有切断水流运动的控制功能。采用双阀结构形式不仅使设备可作为波涌灌溉的硬件设备使用，还可结合自控器的"时间耦合"方式，实现灌区田间输配水系统的自动化管理和地面灌溉过程的自动化。

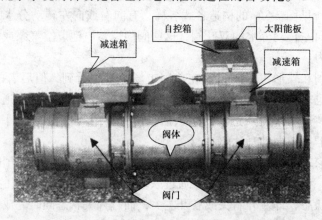

图 7-9　国产波涌灌溉设备的构成

（一）波涌阀

波涌阀采用双阀叶结构形式。双阀叶可根据自控器的指令，左右交替地切换水流，实现水流的定向输水过程。灌水结束后可自动同时关闭左右两个阀门，并切断水流。因此，可实现无人值守和远距离遥控运行，避免因不能及时关闭水流造成过量灌溉引起的水量浪费。波涌阀的主要构件包括：

（1）驱动器。驱动器由两台微型直流电机组成，分别控制左右两个阀门的启闭状态。

（2）减速器。波涌阀的两个阀门是由同一个控制器和两个相同的变速箱进行控制的，减速箱采用三级变速。

（3）阀门。阀门为带有周边止水垫圈的圆形闸门，其中中轴上下两端经止水轴承分别与阀体和减速箱连接。受减速箱控制，闸门环绕中心轴作直角旋转，实现水流开启和关闭状态。密闭的减速箱被固定在阀体两侧并通过中心轴与闸门相接。

（4）阀体。阀体为主体结构，类似于三通，铝合金材质。由三段直径为 200 mm 的铝合金管组合连接而成，一端与水源相连，另两端为出水口。

（5）其他。止水垫圈、止水橡胶等。

（二）自控器

自控器是波涌灌溉系统的控制中心，它接受外界参数，通过运算，对波涌阀发出操作指令，实现闸门的交替启闭。其中，控制电路板及软件是控制器的核心部分。自控器主要由电源、微控制器、电机控制等部分组成。

第四节　波涌灌溉的应用

一、波涌灌溉适宜的田间条件

田间条件包括田面土壤条件和沟畦条件。

（1）波涌灌溉适宜的土壤条件。波涌灌溉的节水效果与田间土壤质地和入渗特性有密切关系，波涌灌溉节水是由于间歇供水使田面形成致密层，降低了土壤的入渗能力和田面糙率。而影响土壤入渗能力的因素除波涌灌溉技术要素外，主要有土壤质地、田面耕作层土壤结构、土壤初始含水率和黏粒含量等。大量间歇入渗和波涌灌溉灌水试验表明：田面土壤条件不同，波涌灌溉灌水效果也不同，对于含有黏粒的透水性中等的壤质土壤，波涌灌溉能取得良好的灌水效果，而对于透水性不良的黏土和透水性过强、不含黏粒或黏粒极少的砂土，其波涌灌溉节水效果较差。因此，适宜波涌灌溉的土壤为结构良好的中壤土、轻壤土、砂壤土和黏壤土。

大量试验表明：土壤渗吸能力指标可作为反映土壤质地、耕作层土壤结构等因素的综合指标，因而可将连续入渗第一小时的累积入渗量作为判别指标。具体方法为：波涌灌溉灌水前，首先根据经验判断农田耕作层土壤的质地和结构，可挖一小试坑，根据经验观察耕作层土壤质地和结构，若判断为砂土和黏土，则不适宜波涌灌溉，若为中壤土、轻壤土、砂壤土和黏壤土，则在田间进行垂直入渗试验，当第一小时的土壤入渗量为 50~260 mm/h，表明适宜波涌灌溉，否则不适宜波涌灌溉。

（2）波涌灌溉对田间沟畦的要求。沟畦条件指灌水沟畦的规格、农田平整程度和纵坡等。原则上讲，适宜连续沟畦灌的农田也适宜实施波涌灌溉，但为了使波涌灌溉达到节水效果好和灌水质量高的目的，要求实施波涌灌溉的沟畦纵向不存在倒坡，沟畦长度一般应大于 80 m。

二、波涌灌溉灌水控制方式

波涌灌溉可自动控制，也可人工控制。自动控制灌水是用装有波涌阀和自控装置的设备，按预定的计划时间放水和停水，在灌水期间交替进行放水，直到灌水结束。自动控制波涌灌溉灌水省工、效率高，但增加设备投资，要求灌溉用水管理水平高。在目前我国灌区灌溉管理水平和经济条件下，大面积推广应用波涌灌溉自动控制灌水设备尚有困难，有条件的可以试用。人工控制就是采用和传统连续灌相同的开、堵沟畦口的方法，按波涌灌溉要求向沟畦放水，此法增加了灌水人员的劳动强度，但不需要增加设备投资。

三、陕西省泾惠渠灌区波涌畦灌的实施方案

以节水效果好、灌水质量高和灌水管理方便为原则，根据大田间歇入渗和波涌畦灌灌水试验研究成果，结合泾惠渠灌区水源、田间条件等实际情况，考虑波涌畦灌技术要素的最佳组合，确定波涌畦灌灌水实施方案，见表7-3和表7-4。在1992年和1993年两年中，依照提出的波涌畦灌灌水实施方案，在陕西省泾惠渠灌区进行了波涌畦灌灌水技术的示范推广，它较同条件下的连续畦灌平均节水21%，并提高了灌水质量，收到了良好的灌水效果，深受群众欢迎。

表7-3　泾惠渠灌区波涌畦灌灌水实施方案（适宜作物头水灌溉）

畦长（m）	坡降（‰）	单宽流量（L/(s·m)）	周期数	循环率
160 左右	2 左右	10~12	2	1/2
	3~4	8~10	2	1/2 或 1/3
	5 左右	4~8	2	1/3
240 左右	2 左右	12~14	3	1/3
	3~4	10~13	3	1/2 或 1/3
	5 左右	6~10	3	1/2
320 左右	2 左右	12~14	3 或 4	1/3
	3~4	10~12	3	1/2 或 1/3
	5 左右	8~10	3	1/2

注：本表适用于清水波涌畦灌，对浑水波涌畦灌可供参考。

表7-4　泾惠渠灌区波涌畦灌灌水实施方案（适宜作物非头水灌溉）

畦长（m）	坡降（‰）	单宽流量（L/(s·m)）	周期数	循环率
160 左右	2 左右	6~8	2	1/3
	3~4	4~6	2	1/2 或 1/3
	5 左右	3~5	2	1/2
240 左右	2 左右	8~10	3	1/3
	3~4	6~8	3	1/2 或 1/3
	5 左右	4~6	3	1/2
320 左右	2 左右	10~12	3 或 4	1/3
	3~4	8~10	3	1/2 或 1/3
	5 左右	6~8	3	1/2

注：本表适用于清水波涌畦灌，对浑水波涌畦灌可供参考。

第八章　覆膜保墒及覆膜灌溉技术

第一节　地膜覆盖保墒技术

一、地膜覆盖保墒技术的产生和发展

塑料薄膜地面覆盖保墒，简称地膜覆盖保墒或覆膜保墒，是利用厚度为 0.01 ~ 0.02 mm 聚乙烯或聚氯乙烯薄膜覆盖于地表面或近地面表层的一种栽培方式。它是当代农业生产中比较简单而有效的保墒、增产措施，已被很多国家广泛应用。日本首先于1948 年开始对地膜覆盖栽培技术进行研究，1955 年开始在全国推广这一技术。法国、意大利、美国、苏联于 20 世纪 60 年代开始应用。我国则于 1979 年由日本引进，现已在我国北方大面积推广应用。尤其在干旱地区的棉花、瓜果和蔬菜等经济作物的种植上，都基本采用了地膜覆盖栽培技术。这是一项成功的农业增产技术，是我国"六五"期间在农业科技战线上应用作物种类多、适用范围广、增产幅度大的一项重大科技成果。粮食作物地膜覆盖栽培普遍增产 30% 左右，经济作物增产达 20% ~ 60%。地膜覆盖能改善作物耕层水、肥、气、热和生物等诸因素的关系，为作物生长发育创造良好的生态环境，已成为干旱地区农业节水增产的一项重要措施。由于覆盖增产的效益显著，因此除早春覆盖外，夏、秋季节也可进行覆盖。保护地为了减少环境湿度，也在推广应用地膜覆盖技术。

二、地膜覆盖的主要作用

（一）提高地温

土壤水分蒸发需要消耗热能，带走土体的热量，水的汽化热约为 2.5 J/kg，即蒸发1 kg 水大约需要消耗 2.5 J 的热能。地膜覆盖可抑制土壤水分蒸发，从而减少热量消耗。在北方和南方高寒地区，春季覆盖地膜，可提高地温 2 ~ 4 ℃，增加作物生长期的积温，促苗早发，延长作物生长时间。

（二）保墒与提墒

地膜覆盖的阻隔作用，使土壤水分垂直蒸发受到阻挡，迫使水分作横向蒸发和放射性蒸发（向开孔处移动），这样土壤水分的蒸发速度相对减缓，总蒸发量大幅度下降。同时，地膜覆盖后，切断了水分与大气交换通道，使大部分水分在膜下循环，因而土壤水分能较长时间贮存于土壤中，这样就提高了土壤水分的利用率。这种作用的大小与覆盖度的大小密切相关，覆盖度越大，保墒效果越好。

在自然状况下，当土壤中无重力水存在时，由于土壤热梯度差的存在，使深层水分不断向上移动，并渐渐蒸发。地膜覆盖后，加大了热梯度的差异，促使水分上移量增

加。又因土壤水分受地膜阻隔而不能散失于大气，就必然在膜下进行"小循环"，即凝结（液化）—汽化—凝结—汽化，这种能使下层土壤水分向上层移动的作用，称为提墒。提墒会促使耕层以下的水分向耕层转移，使耕层土壤水分增加 1% ~4%，土壤深层水分逐渐向上层集积。在干旱地区，覆盖地膜后全生长期可节约用水 150~220 mm。

地膜的相对不透水性对土壤虽然起了保墒作用，但也阻隔了雨水直接渗入土壤。一般来讲，地膜覆盖的农田降水径流量比露地土壤增高 10% 左右，并且随地膜覆盖度的增加而增大。所以，在生产应用时，要根据农田坡度，通过覆盖度来协调径流与土壤渗水的矛盾，覆盖度一般不宜超过 80%。同时，地膜覆盖的方式多为条带状，两幅膜之间有一定的露地面积。在这一部分土壤上，可用土垒横坡拦截雨水，使水慢慢渗入土壤，协调渗水与径流的矛盾；也可在露地部分覆盖秸秆，既可协调土壤温度，也可减少径流，增强土壤渗水。

（三）改善土壤理化性状

土壤表面覆盖地膜可防止雨滴的冲击。雨滴冲击可造成土壤表面板结，尤其是结构不良的土壤，几乎每一次降雨后，为不使土壤板结，都要进行中耕松土，这不仅增加了农业的投资，而且经常耕作和人、畜、机械的踏压，必将破坏土壤结构。

地膜覆盖后即使土壤表面受到速度 9 m/s 的雨滴冲击也无妨，因膜下的耕作层能较长期地保持整地时的疏松状态，有效地防止板结，有利于土壤水、气、热的协调，促进根系的发育，保护根系正常生长，增强根系的活力。

地膜覆盖减少了机械耕作及人、畜、田间作业的碾压和践踏，并且地膜覆盖下的土壤，因受增温和降温过程的影响，使水汽膨缩运动加剧。增温时，土壤颗粒间的水汽产生膨胀，致使颗粒间孔隙变大；降温时，又在收缩后的空隙内充满水汽，如此反复膨胀与收缩，必然有利于土壤疏松，容重减少，空隙度增大。

地膜覆盖可保墒增温，促进土壤中的有机质分解转化，增加土壤速效养分供给，有利于作物根系发育。

（四）提高光合作用

地膜覆盖可提高地面气温，增加地面的反射光和散射光，改善作物群体光热条件，提高下部叶片光合作用强度，为早熟、高产、优质创造了条件。

（五）减少耕层土壤盐分

地膜覆盖一方面阻止了土壤水分的垂直蒸发，另一方面由于膜内积存较多的热量，使土壤表层水分积集量加大，形成水蒸气从而抑制了盐分上升。据山西高粱地覆膜试验，覆膜区 0~5 cm 土壤含盐量为 0.046%，不覆膜区为 0.204%，前者盐分比后者下降了 77.4%。在 5~10 cm 和 10~20 cm 的土层中，覆膜区土壤含盐量则分别下降了77.7% 和 83.4%。

三、地膜覆盖保墒技术要点

（一）高垄栽培

传统的平畦或低畦覆盖地膜效果较差，对提高覆膜质量，防风、保苗、早熟高产都不利，因此地膜覆盖一般采用高垄或高畦覆膜栽培。高垄或高畦一般做成圆头形，地膜易与垄表面密贴，盖严压实，防风抗风，受光量大，蓄热多，增温快，地温高，土壤疏松透气，水、气、热、肥协调，为种子萌发、幼苗发根生长提供优越的条件。高垄地膜覆盖，土壤温度梯度加大，能促进土壤深层水分沿毛细管上升，供植物吸收利用，温暖湿润的土壤环境，加速了微生物的活性和土壤营养的矿化与释放进程。关于畦或垄的高度，因土壤质地和作物种类而有所不同。一般条件下，高以 10 ~ 15 cm 为宜。畦或垄过高则影响渗水，不利于水分横向渗透。

（二）选用早熟优质高产品种

地膜覆盖的综合环境生态效应能使多种农作物的生育期提前 10 ~ 20 d。如以早熟、高效益为主要目的的各种蔬菜、西瓜、甜瓜、甜玉米等，地膜覆盖后会取得更加早熟的效果；改用中晚熟良种，使成熟期提前并获高产；以高产优质为栽培目的的棉花、玉米等，地膜覆盖后，提前有效生育期，由于增加了总积温和有效积温量，不仅能获得高产、优质，而且能为当地更换中晚熟高产良种提供必要的栽培条件。

（三）覆膜

覆膜的质量是地膜覆盖栽培增产大小的关键。畦沟或垄沟一般不覆盖地膜，留做接纳雨水和追肥、浇水等行间作业。铺膜前可喷除草剂消灭杂草。覆膜方式有两种：

（1）先覆膜后播种。是在整完地的基础上先覆膜，盖膜后再播种。这种方式的优点是：能够按照覆盖栽培的要求严格操作，技术环节能得到保证，出苗后不需破膜放苗，不怕高温烫苗，有利于发挥地膜前期增温、保温、保墒等作用。缺点是：插后播种孔遇雨容易板结，出苗缓慢，人工点播较费工，并且常因播种深浅不一、覆土不均匀，往往出苗不整齐或者缺苗断垄。

（2）先播种后覆膜。是在作好畦的基础上，先进行播种，然后覆盖地膜。这种方式的优点是：能够保证播种时间的土壤水分，利于出苗，种子接触土壤紧密，播种时进度快，省工，利于机械化播种、覆膜，而且可避免土壤遇雨板结而影响出苗。缺点是：出苗后放苗和围土比较费工，放苗不及时容易出现烫苗。

以上两种方式各有利弊，应根据各地的劳力、气候、土壤等条件灵活掌握。

（四）水分管理

地膜覆盖能有效抑制土壤水分蒸发，是以保水为中心的抗旱保墒措施。地膜覆盖的水分管理特点是：农作物生育前期要适当控水，保湿、蹲苗、促根下扎，为整个生育期健壮生长打好基础；生育中后期，作物植株高大，叶片繁密，蒸腾量加大，生长发育迅速，此时应及时灌水并结合追肥。地膜覆盖后，水分自毛细管上升到地表，地膜阻隔多集中在地表面，地表以下常处于缺水状态，所以要根据土壤实际墒情和作物长相及时灌水。

在农作物整个生长期内，地膜覆盖栽培的浇水量一般要比露地减少1/3 左右。由于地膜覆盖保持了土壤水分，作物生长期的浇水时间应适当推迟，浇水间隔时间应延长。中后期因枝叶繁茂，叶面蒸腾量大，耗水量加大，因此要适当多浇灌水。浇灌水的方法是在沟中淌水，使水从膜下流入，也可从定植孔往下浇水。

（五）地膜覆盖栽培其他注意事项

（1）覆膜作物根系多分布于表层，对水肥较敏感，要加强水肥管理，防止早衰。

（2）作物生育阶段提早，田间管理措施也要相应提前。

（3）揭膜时间应根据作物的要求和南北方气候条件而定，南方春季气温回升快，多雨，可早揭膜，而北方低温少雨地区则晚揭膜，甚至全生长期覆盖。

（4）作物收获后，应将残膜捡净，以免污染农田。

四、覆膜保墒新技术

（一）秋覆膜技术

秋覆膜技术是秋季覆膜春季播种技术的简称。即在当年秋季或冬前雨后土壤含水率最高时，抢墒覆膜，第二年春季再种植作物的一项抗旱节水技术。秋覆膜技术以秋雨春用，春墒秋保为目的。秋覆膜与春覆膜种植相比，延长了地膜覆盖时间，保持了土壤水分，具有蓄秋墒、抗春旱、提地温和增强作物逆境成苗、促进增产增收等多种功效，是西北干旱地区一项十分有效的抗旱节水种植新技术。

（二）早春覆膜技术

早春覆膜抗旱技术是在当年春季 3 月上中旬，土壤解冻后，利用农闲季节，抢墒覆膜保墒，适期播种作物的一项抗旱种植技术。该技术与春覆膜种植相比，有以下 3 个方面的显著效果：一是增温。早春覆膜比播期覆膜早近 1 个月的时间，土壤增温快，积温增加多。二是增墒。早春在土壤化冻后立即覆膜，保住了土壤水分，减少了解冻至播期土壤水分的蒸发散失，同时把土壤深层水提到了耕层，为播种创造了良好的墒情条件。三是增产。早春覆膜比播期覆膜平均增产 10% ~ 12%，水分利用率提高 5% ~ 7%。

（三）全膜双垄沟播技术

双垄面全膜覆盖集雨沟播种植技术是在起垄时形成两个大小弓形垄面，小垄宽40 cm、高 15 cm，大垄宽 70 ~ 80 cm、高 10 cm，大小垄中间为播种沟，起垄后用宽度为 120 ~ 130 cm、厚度为 0.008 cm 地膜全地面覆盖，膜间不留空隙，沟内按株距打扎点播，大小垄面形成微型集雨面，充分接纳降水和保墒。

全膜双垄沟播技术主要优点如下：

（1）起垄覆膜后形成集雨面和种植沟，使垄沟两部分降水叠加于种植沟，使微雨变成大雨，就地从种植孔渗入作物根部，使作物种植区水分增加一半以上。

（2）全面覆盖地面，切断了土壤与大气的交换通道，最大限度地抑制了土壤表面水分的无效蒸发，从而降低了土壤蒸发量，将降水保蓄在土壤中，供作物生长利用，达到雨水高效利用的目的。

（3）由于全膜覆盖，白天地面升温快，晚间温度下降缓慢，适宜幼苗前期对温度高的需求，使玉米出苗早、苗齐、苗壮，出苗后生长迅速，生育进程加快，前期比常规覆膜生育期提前一个生育进程。

全膜双垄沟播技术同普通的地膜覆盖相比，在覆盖方式上由半膜覆盖变为全膜覆盖，在种植方式上由平铺穴播变为沟垄种植，在覆盖时间上由播种时覆膜变为秋覆膜或顶凌覆膜，从而形成了集地膜集雨、覆盖抑蒸、垄沟种植为一体的抗旱保墒新技术。该技术在我国北方干旱地区具有很大的推广价值。据初步估算，西北地区有 3 000 万亩旱地适宜推广全膜双垄沟播技术，并且已经在全国 6 省区得到推广。

第二节 覆膜地面灌溉类型及技术特点

覆膜地面灌溉技术是伴随地膜覆盖保墒技术发展，结合传统地面沟灌、畦灌发展起来的新型地面节水灌水技术，包括膜侧沟灌、膜下沟灌和膜上灌等类型。

一、膜侧沟灌

覆膜灌溉的传统方法是膜侧沟灌，如图8-1所示。膜侧沟灌是指在灌水沟垄背部位铺膜，灌水沟仍裸露，灌溉水流在膜侧的灌水沟中流动，并通过膜侧入渗到作物根系区的土壤内。膜侧沟灌灌水技术要素与传统的沟灌相同。这种灌水技术适合于垄背窄膜覆盖，一般膜宽70~90 cm。膜侧沟灌技术主要用于条播作物和蔬菜。该技术虽说能增加垄背部位种植作物根系的土壤温度和湿度，但灌水均匀度和田间水有效利用率与传统沟灌基本相同，没有多大改进，且裸沟土壤水分蒸发量较大。

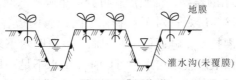

图8-1 膜侧沟灌

二、膜下沟灌

在两行作物之间的灌水沟上覆盖一层塑料薄膜，在膜下架设竹皮或钢丝小拱，沟中浇水，形成封闭的灌水沟。其优点是简便易行，投入少，节水效果比较显著，比传统畦灌节水30%左右，减少病虫害，节省用药费用，增产超过10%，操作简单，是目前大棚、日光温室主要应用的方法，而且应用面积也相当大。其入沟流量、灌水技术要素、田间水有效利用率和灌水均匀度与传统的沟灌相同。

实施膜下沟灌的技术时，可根据种植习惯，选用以下栽培方式：

（1）起垄栽培。一般垄高10~15 cm，每垄的畦面上可以种植两行作物，两行之间留一个浅沟，把膜铺在畦面上，两边压紧，浇水在膜下的浅沟内走水。另一种垄栽方式是每垄栽一行，这时可以把膜覆盖在两个垄上，灌溉时在膜下的垄沟内走水。

（2）挖定植沟栽培。在定植沟内栽一行或两行作物幼苗，定植后把膜铺在定植沟上，以后在膜下浇水。幼苗长大后，开放苗孔伸出地膜。

三、膜上灌

膜上灌，也称膜孔灌溉，是在膜侧灌溉的基础上，改垄背铺膜为沟（畦）中铺膜，使灌溉水流在膜上流动，通过作物放苗孔或专用灌水孔渗入到作物根部的土壤中。实践证明，膜上灌是一种投资少、节水增产效果好、简便易行的节水灌溉新技术。

（一）开沟扶埂膜上灌

开沟扶埂膜上灌是膜上灌最早的应用形式之一，如图8-2所示。它是在铺好地膜的膜床两侧用开沟器开沟，并在膜侧堆出小土埂，以避免水流流到地膜以外去。一般畦长为 80 ~ 120 m，单宽入膜流量为 0.6 ~ 1.0 L/s，埂高为 10 ~ 15 cm，沟深为 35 ~ 45 cm。这种类型因膜床土埂低矮，膜床上的水流容易穿透土埂或漫过土埂进入灌水沟内，所以推广中采用较少。

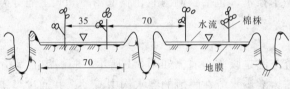

图 8-2　开沟扶埂膜上灌　（单位：cm）

（二）打埂膜上灌

打埂膜上灌技术是将原来使用的铺膜机前的平土板，改装成打埂器，刮出地表 5 ~ 8 cm 厚的土层，在畦田侧向构筑成高 20 ~ 30 cm 的畦埂。其畦田宽 0.9 ~ 3.5 m，膜宽 0.7 ~ 1.8 m。根据作物栽培的需要，铺膜形式可分为单膜和双膜。对于单膜，膜两侧各有 10 cm 宽渗水带，如图 8-3 所示；对于双膜，中间或膜两边各有 10 cm 宽的渗水带，如图 8-4 所示。这种膜上灌技术，畦面低于原田面，灌溉时水不易外溢和穿透畦埂，故入膜流量可加大到 5 L/s 以上。膜缝渗水带可以补充供水不足。目前这种膜上灌形式应用较多，主要用于棉花和小麦田上。双膜或宽膜的膜畦灌溉，要求田面平整程度较高，以增加横向和纵向的灌水均匀度。

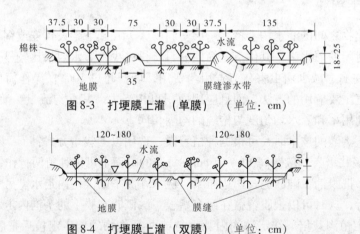

图 8-3　打埂膜上灌（单膜）　（单位：cm）

图 8-4　打埂膜上灌（双膜）　（单位：cm）

此外，还有一种浅沟膜上灌，它是在麦田套种棉花并铺膜的一种膜上灌形式。这种膜上灌技术在确定地膜宽度时，要根据麦棉套种所采用的种植方式和行距大小确定，同时应加上两边膜侧各留出的 5 cm 宽度，以作为用土压膜之用，如图 8-5 所示。如河南商丘地区试验田麦棉套种膜上灌采用的"三一式套种法"，即种植三行小麦，一行棉花，1 m 一条带。小麦行距 0.33 m。棉花播种采用点播，株距 0.5 m，每穴双株。膜宽 35 cm，播种时铺膜，膜边则用土压实，并将土堆成 5 ~ 8 cm 高小垄，小麦收割后，再培土至垄高 10 ~ 15 cm，改善棉花膜上灌条件，这就形成了以塑料薄膜为底的输水垄沟和渗水垄沟。这种膜上灌的适宜入膜流量为 0.6 L/s，坡度大约为 1%。灌水沟长度以

70~100 m 比较适宜。

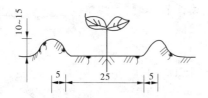

图 8-5　以塑料薄膜为底的输水沟　（单位：cm）

（三）膜孔灌

膜孔灌分为膜孔沟灌和膜孔畦灌两种。膜孔灌也称膜孔渗灌，它是指灌溉水流在膜上流动，通过膜孔（作物放苗孔或专用灌水孔）渗入到作物根部土壤中的灌溉方法。该灌水技术无膜缝和膜侧旁渗。

膜孔畦灌的地膜两侧必须翘起 5 cm 高，并嵌入土埂中，如图 8-6 所示。膜畦宽度根据地膜和种植作物的要求确定，双行种植一般采用宽 70~90 cm 的地膜；三行或四行种植一般采用 180 cm 宽的地膜。作物需水完全依靠放苗孔和增加的渗水孔供给，入膜流量为 1~3 L/s。该灌溉方法增加了灌水均匀度，节水效果好。膜孔畦灌一般适合棉花、玉米和高粱等条播作物。

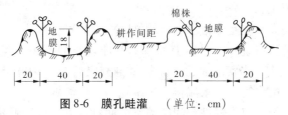

图 8-6　膜孔畦灌　（单位：cm）

膜孔沟灌是将地膜铺在沟底，作物禾苗种植在垄上，水流通过沟中地膜上的专用灌水孔渗入到土壤中，再通过毛细管作用浸润作物根系附近的土壤，如图 8-7 所示。这种技术对随水传播的病害有一定的防治作用。膜孔沟灌特别适用于甜瓜、西瓜、辣椒等易

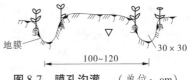

图 8-7　膜孔沟灌　（单位：cm）

受水土传染病害威胁的作物。果树、葡萄和葫芦等作物可以种植在沟坡上，水流可以通过种在沟坡上的放苗孔浸润到土壤。灌水沟规格依作物而异。蔬菜一般沟深 30~40 cm，沟距 80~120 cm；西瓜和甜瓜的沟深为 40~50 cm，上口宽 80~100 cm，沟距 350~400 cm。专用灌水孔可根据土质不同打单排孔或双排孔，对轻质土地膜打双排孔，重质土地膜打单排孔。孔径和孔距根据作物灌水量等确定。根据试验，对轻壤土、壤土，以孔径为 5 mm、孔距为 20 cm 的单排孔为宜。对蔬菜作物入沟流量以 1~1.5 L/s 为宜。甜瓜和辣椒作物严禁在高温季节和中午高温期间灌水或灌满沟水，以防病害发生。

（四）膜缝灌

膜缝灌有以下几种类型：

（1）膜缝沟灌。是对膜侧沟灌进行改进，将地膜铺在沟坡上，沟底两膜相会处留有 2~4 cm 的窄缝，通过放苗孔和膜缝向作物供水，如图 8-8 所示。膜缝沟灌的沟长为

50 m 左右。这种方法减少了垄背杂草和土壤水分的蒸发，多用于蔬菜，节水增产效果都很好。

（2）膜缝畦灌。是在畦田田面上铺两幅地膜，畦田宽度为稍大于2倍的地膜宽度，两幅地膜间留有2～4 cm的窄缝，如图8-9所示。水流在膜上流动，通过膜缝和放苗孔向作物供水。入膜流量为3～5 L/s，畦长以30～50 m为宜，要求土地平整。

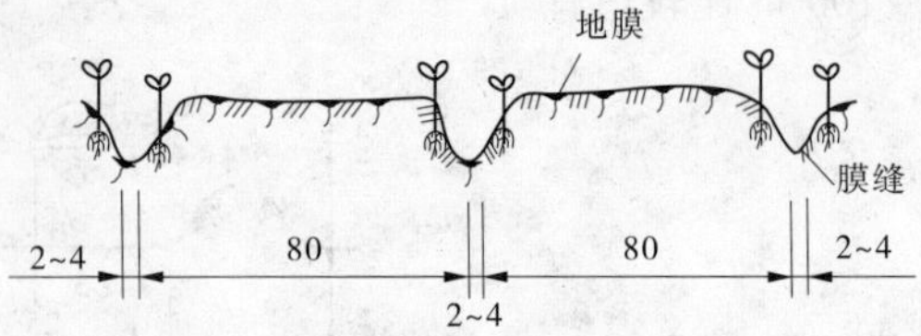

图 8-8　膜缝沟灌　（单位：cm）

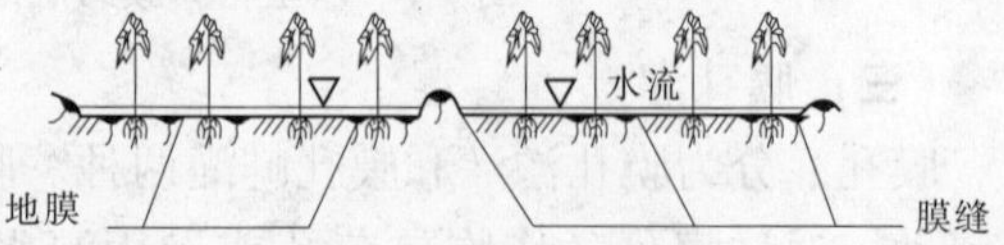

图 8-9　膜缝孔畦灌

（3）细流膜缝灌。是在普通地膜种植下，利用第一次灌水前追肥的机会，用机械将作物行间地膜轻轻划破，形成一条膜缝，并通过机械再将膜缝压成一条 U 形小沟。灌水时将水放入 U 形小沟内，水在沟中流动，同时渗入到土中，浸润作物，达到灌溉目的。它类似于膜缝沟灌，但入沟流量很小，一般流量控制在 0.5 L/s 为宜，所以它又类似细流沟灌。细流膜缝沟灌适用于1%以上的大坡度地形区。

（五）温室涌流膜孔沟灌

温室涌流膜孔沟灌系统是由蓄水池、倒虹吸控制装置、多孔分水软管和膜孔沟灌组成的半自动化温室灌溉系统，如图8-10所示。其原理是灌溉小水流由进水口（一般是自来水）流到蓄水池中，当蓄水池的水面超过倒虹吸管时，倒虹吸管自动将蓄水池的水流输送到多孔出流配水管中，水流再通过多孔均匀出流软管均匀流到温室膜孔沟灌的每条灌水沟中。该系统不仅可以进行间歇灌溉，而且可以进行施肥灌溉和温水灌溉，以提高地温和减少温室的空气湿度，并促进提高作物产量和防治病害的发生。该系统主要用于温室条播作物和花卉的灌溉，还可以用于基质无土栽培的营养液灌溉上。

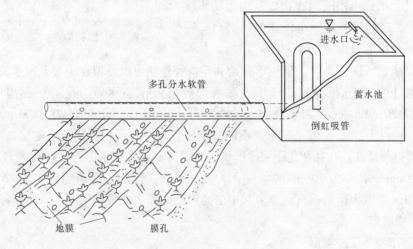

图 8-10　温室涌流膜孔灌溉系统

第三节　膜上灌技术要素

膜上灌是覆膜地面灌溉的主要类型，目前膜上灌技术多采用膜孔（缝）灌，包括膜孔畦灌、膜缝畦灌、膜孔沟灌和膜缝沟灌等形式。

一、膜孔（缝）灌的技术要求

膜孔（缝）灌属于局部浸润灌溉，其主要的技术要求有以下几个方面：

（1）平整土地是保证膜孔（缝）灌水均匀、提高灌溉质量、节约灌溉用水的基本条件。因此，在播种和铺膜前必须进行精细的平整土地工作，并清除树根和碎石，以免刺破塑料地膜。

（2）播前喷洒除草剂，防止生长杂草。

（3）膜孔（缝）灌需要铺膜、筑埂，在有条件的地区可采用膜上灌播种铺膜机，一次完成开畦、铺膜和播种；在北方井灌地区多用人工铺膜、筑埂。

（4）在灌溉时，还要加强管理，注意沟畦首尾灌水是否均匀、有无深层渗漏和尾部泄水现象；控制好进入沟畦的流量，防止串灌和漫灌。

（5）膜孔（缝）畦一般要求地面有一定坡度，水流在坡度均匀的膜上流动，边流动边从放苗孔、灌水孔或膜缝渗入水量。沿程的入渗水量和灌水均匀程度与放苗孔、灌水孔的数目、孔口面积、膜缝宽度、土壤性质等有很大关系。因此，要根据具体情况在塑料地膜上适时适量地增加一些渗水膜孔，以保证首尾灌水均匀。

二、膜孔（缝）灌的技术要素

为保证作物根系区土层中具有足够的渗水量，以满足作物生长对水分的需要，就必须根据不同的地形坡度、各种土质的入渗速度和田间持水率等因素来确定膜孔（缝）灌的技术要素。它的技术要素主要包括入膜流量、放水时间、改水成数、开孔（缝）率和膜沟（畦）规格等。

（一）入膜流量

入膜流量是指单位时间内进入膜沟或膜畦首端的水量。入膜流量的大小主要根据膜孔（缝）面积、土壤入渗速度、膜沟或膜畦的长度等确定。一般应根据田间试验资料确定适宜的入沟（畦）流量，无实测资料时，也可按下式计算

$$q = \frac{Kf(\overline{\omega}_k + \overline{\omega}_f)}{3\ 600} \tag{8-1}$$

$$\overline{\omega}_k = \frac{\pi d^2}{4}\frac{LN_k}{S} \tag{8-2}$$

$$\overline{\omega}_f = LbN_f \tag{8-3}$$

式中　q——膜畦、膜沟入膜流量，L/（s·m）、L/s；

　　　K——旁侧入渗影响系数，它与膜上水深成正比，与膜畦、膜沟长度成反比，一般取值为 1.46~3.86，平均为 2.66；

f——土壤的入渗速度，随灌水次数的增加而减少，由田间实测确定，mm/h；

$\bar{\omega}_k$——膜畦每米膜宽（或一条膜沟）放苗孔和专用灌水孔的面积，m^2；

$\bar{\omega}_f$——膜畦每米膜宽（或一条膜沟）灌水膜缝的面积，m^2；

d——放苗孔或灌水孔直径，m；

L——膜畦（或膜沟）长度，m；

N_k——膜畦每米膜宽（或一条膜沟）孔口排数；

S——沿膜畦、膜沟长度方向膜孔间距，m；

b——膜缝宽度，m；

N_f——膜畦每米膜宽（或一条膜沟）膜缝数量。

（二）放水时间

膜孔（缝）畦灌放水时间计算公式为

$$t = \frac{mL}{3\ 600q} \tag{8-4}$$

式中　t——膜孔（缝）畦灌放水时间，h；

m——毛灌水定额，mm；

L——膜畦长度，m；

q——膜孔（缝）畦入膜流量，$L/(s \cdot m)$。

膜孔（缝）畦灌放水时间计算公式为

$$t = \frac{mLB}{3\ 600q} \tag{8-5}$$

式中　t——膜孔（缝）沟灌放水时间，h；

L——膜沟长度，m；

B——灌水沟间距，m；

q——膜孔（缝）沟灌入膜流量，L/s。

（三）改水成数

一般对于坡度较平坦的膜孔（缝）灌改水成数为十成，对坡度较大的膜孔（缝）灌改水成数可取八成或九成。一般膜孔（缝）畦灌改水成数不小于七成，膜孔（缝）沟灌改水成数不小于八成。若有些膜孔（缝）灌溉达不到灌水定额，则要考虑允许尾部泄水以延长灌水历时。

（四）开孔（缝）率

开孔（缝）率的多少直接影响灌水定额的大小，随着开孔（缝）率的增加，灌水定额也在增加，但当开孔（缝）率增加到一定程度时，灌水定额增加缓慢，逐渐接近于同等条件下的露地灌水定额。适宜开孔（缝）率宜选 3% ~ 5%，地面坡度大时取小值，坡度小时取大值。

（五）膜沟（畦）规格

膜沟（畦）宽度主要根据栽培作物的行距和薄膜宽度、耕作机具等要求确定。目前棉花和小麦的膜孔沟（畦）灌分单膜和双膜，地膜宽度一般为 120 ~ 180 cm。畦宽一般不宜超过 4 m，畦长宜为 40 ~ 200 m。膜孔（缝）沟灌灌水沟形状及规格与传统沟灌相同，沟长不宜大于300 m。

膜孔（缝）灌的灌水质量主要用灌水均匀度和田间水有效利用率进行评价。由于膜孔（缝）灌的水流是通过膜孔（缝）渗入作物根部的土壤中，与传统沟灌和畦灌相比，降低了土壤的入渗强度和地面糙率，使水流的行近速度增加，减少了深层渗漏损失。在地势平坦和无尾部泄水的情况下，其田间水有效利用率可大大提高。孔口处覆土和不覆土，对孔口入渗也有很大影响，因此在膜孔灌时要考虑膜孔的开孔率和膜孔覆土与不覆土对灌溉入渗的影响。

三、膜孔（缝）灌技术应注意的问题

（1）膜孔（缝）灌是低灌水定额的局部灌溉，由于入渗强度的降低，灌溉时要特别注意满足灌水定额的要求。

（2）由于膜孔（缝）灌减少了作物棵间土壤蒸发，因此不能采用传统的灌溉制度，应根据实际土壤含水率，确定节水型的优化灌溉制度。

（3）膜孔（缝）灌改变了一些传统的作物栽培技术措施，因此要采取合理的施肥措施，以解决作物后期的需肥问题。

（4）膜孔（缝）宽畦灌时，必须做到田间横向平整、纵向比降均匀，这样才能提高膜孔（缝）灌质量。

（5）目前农户灌溉配水多为大水定时灌溉，一渠水限定时间灌完一户的田地，农户在指定的时间内都力争多灌些，而膜孔（缝）灌是小水渗灌，渗水时间短则不能浸润足够的土壤，因此需要继续试验研究适合当地的膜孔（缝）灌配水制度。

（6）实行膜上灌以后揭膜回收只能在收获以后进行，由于浇水以后膜面上有淤泥覆盖，部分膜被埋入，造成地膜回收困难，少部分地膜残留在土壤中，对土壤造成污染。因此，应尽量采用可自行降解的地膜。另外，作物收割后，应及时回收残膜。

第四节　膜上灌技术应用效果

膜上灌的实质是在地膜覆盖栽培技术基础上，不再另外增加投资，而利用地膜防渗并输送灌溉水流，同时通过放苗孔、专门灌水孔或地膜幅间的窄缝等向土壤内渗水，以适时适量地供给作物所需要的水量，从而达到节水增产的目的。

如前节所述，在覆膜地面灌溉技术中，目前推广应用最普遍的类型是膜上灌技术，尤其是覆膜畦灌和覆膜沟灌，其节水增产效果更为显著。膜上灌技术的突出效果主要表现在以下几个方面。

一、节水效果突出

根据对膜孔沟灌的试验研究和对其他膜上灌技术的调查分析，与传统的地面沟（畦）灌技术相比较，一般可节水30%～50%，最高可达70%，节水效果显著。膜上灌之所以能节约灌溉水量，其主要原因如下：

（1）膜上灌的灌溉水是通过膜孔或膜缝渗入作物根系区土壤内的。因此，它的湿

润范围仅局限在根系区域，其他部位仍处于原土壤水分状态。据测定，膜上灌的施水面积一般仅为传统沟（畦）灌灌水面积的 2% ~ 3%，这样，灌溉水就被作物充分而有效地利用，所以水的利用率相当高。

（2）由于膜上灌水流是在膜上流动，于是就降低了沟（畦）的糙率，促使膜上水流推进速度加快，从而减少了深层渗漏水量；铺膜还完全阻止了作物植株之间的土壤蒸发损失，增强了土层的保墒作用。所以，膜上灌比传统沟（畦）灌及膜侧沟灌的田间水有效利用率高，在同样的自然条件和农业生产条件下，作物的灌水定额和灌溉定额都有较大的减少。例如，新疆巴州尉犁县棉花膜上灌示范田，灌溉定额仅 62.5 m³/亩，灌水 3 次，分别为 22.4 m³/亩、22.1 m³/亩和 18.0 m³/亩，而采用常规沟灌，灌溉定额为 104.7 m³/亩，两者相比，膜上灌每亩节水 42.2 m³，节水 40.3%。

二、灌水质量明显提高

根据试验与调查研究，膜上灌与传统沟（畦）灌相比较，其灌水质量的提高主要表现在以下两个方面：

（1）灌水均匀度方面。膜上灌不仅可以提高地膜覆盖沿沟（畦）长度纵方向的灌水均匀度和湿润土壤的均匀度，同时可以提高地膜沟（畦）横断面方向上的灌水均匀度和湿润土壤的均匀度。这是因为膜上灌可以通过增开或封堵灌水孔的方法来消除沟（畦）首尾或其他部位处进水量的大小，以调整和控制灌水孔数目对灌水均匀度的影响。

（2）土壤结构方面。由于膜上灌水流在地膜上流动或存蓄，因此不会冲刷膜下土壤表面，也不会破坏土壤结构；而通过放苗孔和灌水孔向土壤内渗水，又可以保持土壤疏松，不致使土壤产生板结。据观测，膜上灌灌水 4 次后测得的土壤干容重为 1.49 g/cm³，比第一次灌水前测得的土壤干容重 1.41 g/cm³ 仅增加不到 6%，而传统地面沟（畦）灌灌溉后土壤干容重达到 1.6 g/cm³，比灌前增加了 13.5%。

三、作物生态环境得到改善

地膜覆盖栽培技术与膜上灌灌水技术相结合，改变了传统的农业栽培技术和耕作方式，也改善了田间土壤水、肥、气、热等土壤肥力状况的作物生态环境。

膜上灌对作物生态环境的影响主要表现在地膜的增温热效应。由于作物生育期内田面均被地膜覆盖，膜下土壤白天积蓄热量，晚上则散热较少，而膜下的土壤水分又增大了土层的热容量，因此导致地温提高而且相当稳定。据观测，采用膜上灌可以使作物苗期地温平均提高 1 ~ 1.5 ℃，作物全生育期的土壤积温也有所增加，从而促进了作物根系对养分的吸收和作物的生长发育，并使作物提前成熟。一般粮棉等大田作物可提前 7 ~ 15 d 成熟，蔬菜可提前上市，如辣椒可提前 20 d 左右上市。

此外，膜上灌不会冲刷表土，又减少了深层渗漏，从而可以大大减少土壤肥料的流失，再加上土壤结构疏松，保持良好的土壤通气性。因此，采用膜上灌技术为提高土壤肥力创造了有利条件。

四、增产效益显著

由于膜上灌是通过膜孔（缝）渗水，容易按照作物需水规律适时适量的进行灌水，为作物提供了适宜的土壤水分条件，并改善了作物的水、肥、气、热的供应和生态环境，从而促使作物出苗率高，根系发育健壮，生长发育良好。据观测，打埂膜上灌可比平播提高棉花出苗率42.17%，株高高出5.3 cm，叶片多2片，果枝多2.1个，蕾数多23个（三点90株的平均数）。

采用膜上灌技术的增产效果显著。例如，新疆维吾尔自治区尉犁县膜上灌棉花，在同样条件下单产皮棉为112.78 kg/亩，常规沟灌皮棉则为107.29 kg/亩，增产5.12%；而且霜前花增加15%。新疆维吾尔自治区昌吉市玉米膜上灌亩产725 kg，常规沟灌玉米为447.5 kg/亩，增产了62%。新疆维吾尔自治区乌鲁木齐河灌溉站膜上灌啤酒花亩产873 kg，比常规灌溉增产22 kg/亩。新疆维吾尔自治区乌鲁木齐县安宁渠灌区膜上灌豆荚比常规灌溉豆荚增产200 kg/亩以上，辣椒增产达1 000 kg/亩以上。

第九章　田间用水管理

　　灌溉用水管理是灌区灌溉管理的重要内容，主要是指在灌区实行计划用水，合理调配水量，及时组织进行田间灌水，为作物生长和土壤改良提供良好的水分条件，以达到节约农田灌溉用水，促进作物稳产高产的目的或获得较高的经济、环境效益。同样地，田间用水管理也主要包括这几方面，但其管理范围和管理重点主要在田间（大中型灌区是指斗渠范围内）。具体而言，田间用水管理是根据气象条件、农田土壤墒情预报及作物需水规律、输水渠道的供水情况等制订用水单位用水计划，实行计划用水，并在用水单位内部合理地调配灌溉水量，在田间组织实施灌水，为作物提供良好的农田水分条件。

第一节　田间灌溉预报

　　田间灌溉预报是指根据田间墒情，科学预报灌水时间和灌水定额，避免因盲目灌溉而造成对产量的影响和灌溉水的浪费。实践表明，灌溉预报是一项投入小、收益大的节水增产措施。

一、田间灌溉预报的基本原理

（一）经验预报模型预测法

　　此法是根据田间实测资料，用经验拟合方法求得土壤含水率消退的经验公式。公式的一般形式为

$$\theta_t = \theta_0 \cdot e^{-kt} \tag{9-1}$$

式中　θ_t——第 t 天的土壤含水率预测值；

　　　θ_0——预测起始日（$t=0$）的土壤含水率（实测值）；

　　　k——经验消退系数。

　　利用该法预测土壤含水率的消退，其关键是 k 值的确定。k 值与土壤、气候、地下水埋深、作物生育阶段及产量有关。表9-1 是利用山东临清和河北临西试验站的资料，拟合求得的冬小麦返青至收割期 1 m 土层平均含水率的消退系数 k。

表9-1　1 m 土层平均含水率消退系数 k

月份	3	4	5
山东临清	0.003 ~ 0.007	0.010 ~ 0.015	0.015 ~ 0.025
河北临西	0.008 ~ 0.012	0.012 ~ 0.020	0.020 ~ 0.030

　　经验预测法缺乏含水率消退的物理基础，其应用受到经验拟合时所用实测资料的限

制。若遇到降水，降水后应实测土壤水分，并将该日作为起始日，再用式（9-1）进行预测。

（二）水量平衡模型预测法

在具有物理意义的数学模型中，水量平衡模型是最简单的一种。这种方法的灌溉预报是以农田水量平衡计算为基础，以土壤含水率预报为中心，通过循环计算，确定各日土壤含水率情况，然后判断其是否需要灌溉，并计算灌水量。

以日为时段的旱田水量平衡模型预报法基本方程为

$$W_t = W_0 + P_0 - ET_t + G_t \tag{9-2}$$

式中　W_0——第 t 日初计划湿润层土壤贮水量，mm；

　　　W_t——第 t 日末计划湿润层土壤贮水量，mm；

　　　P_0——第 t 日田间入渗雨量，mm；

　　　ET_t——第 t 日作物需水量，mm；

　　　G_t——第 t 日地下水利用量，mm，可根据地下水埋深及当地试验资料确定。

根据实际需要，式（9-2）可以以旬或五日为时段。某次降雨的田间入渗雨量 P_0 按下式估算

$$P_0 = (1 - \alpha)P \tag{9-3}$$

式中　P——降水量，mm；

　　　α——田间降雨径流系数，指某次降水的农田地表径流与降水量之比，根据当地试验资料确定。

灌水日期、灌水量及深层渗漏量的判定标准是土壤适宜贮水量上限值 W_{max}、下限值 W_{min} 和田间持水量 W_f。当 $W_t \leqslant W_{min}$ 时，则当日即进行灌水，灌水量 m 为

$$m = W_{max} - W_t \tag{9-4}$$

当 $W_t > W_f$ 时，则发生深层渗漏，当日深层渗漏量 d 为

$$d = W_f - W_t \tag{9-5}$$

灌水后取 $W_0 = W_{max}$，深层渗漏后取 $W_0 = W_f$，然后进行下一日预报，直到作物收割为止。

二、田间灌溉预报的方法与步骤

（一）收集基础数据

收集预报区域田间持水率、土壤容重等基础资料。若缺乏可靠的资料，应进行实际测定。同时应收集作物各生育阶段的需水强度、计划湿润层深、土壤湿度下限等资料。

（二）取土测墒

1. 取土点的布设

对某种作物，同一种土壤，500~1 000 亩设一个取土观测点。同一种作物，若土质不同应增加观测点。

2. 取土测墒时间

小麦从播种日起，一般每 5 d 取土一次，雨后、灌后各加测一次，一直到成熟为止。

对于玉米、谷子、高粱等，播种到拔节期间，每 10 d 观测一次，拔节以后每 5 d 观

测一次，雨后、灌后加测一次。

3. 取土深度

取土深度：苗期 40 cm，拔节—成熟期 60~80 cm，每 20 cm 一层，每层取两盒。

4. 测定土壤含水率

根据采集的土样，采用烘干法测定土壤含水率。

（三）了解近期天气预报

根据近期天气预报，预测近期的降水时间和降水量。

（四）墒情预测及灌水预报

采用经验预报模型或水量平衡模型，预测近期土壤含水率变化情况，若土壤含水率降至土壤适宜含水率下限，应预报灌水时间和灌水定额。

（五）发布灌水预报

通过广播、电话和简报等方式，向灌溉供水单位和农民用水管理组织发布墒情和灌水预报，及时为灌溉用水提供科学依据。

【例 9-1】 灌水预报实例。

目前春小麦已进入拔节期，据 5 月 15 日实测土壤含水率为 20.5%，土壤相对含水率为 85.4%，据当地天气预报近 5 d 无雨，但田间每天腾发水量 5 m³/亩，5 d 后土壤含水率下降到 15.69%，土壤相对含水率下降到 65.4%，已超过拔节期土壤含水率下限标准 70%，故建议 5 月 19 日开始组织农民灌水，每亩灌水量为 43.2 m³，否则会影响小麦稳产高产，特此预报。

预报单位：×××水管站　发报人：×××　发报时间：×年×月×日

第二节　末级渠系用水计划编制

末级渠系包括斗渠和农渠两级固定渠道，其管理单位一般是斗渠管理委员会或农民用水户协会。斗渠管理委员会或农民用水户协会下辖的各农渠分别设农渠用水组。末级渠系用水计划包括需水计划和配水计划，它是用水单位安排灌溉和组织生产的重要依据。

一、需水计划

末级渠系管理单位需水计划包括某次灌水的需水计划和年度需水计划，它是灌区管理单位编制整个灌区用水计划的基础。灌区管理单位综合平衡全灌区用水需求和水源可供水量之间的平衡，向各末级渠系管理单位发出用水通知。

（一）农渠用水组需水计划

1. 农渠次需水计划

农渠次需水计划是指某次灌水农渠用水组的需水计划，是斗渠管理委员会或农民用水户协会编制斗渠需水计划的依据，也是拟定农渠配水计划的重要依据。编制农渠次用水计划需要收集各用水户作物种类、灌溉面积、灌水定额、田间水利用系数和农渠渠道水利用系数等基础资料。农渠次需水计划编制见表 9-2。

表 9-2 ××斗渠××农渠用水组次需水计划
用水时间：×年×月×日～×月×日

用水户	作物种类	灌溉面积（亩）	灌水定额（m³/亩）	净用水量（m³）	田间水利用系数	农渠水利用系数	毛用水量（m³）
（1）	（2）	（3）	（4）	（5）=（3）×（4）	（6）	（7）	（8）=（5）/（6）/（7）
×××							
×××							
×××							
合计							

2. 农渠年度需水计划

农渠年度需水计划指某农渠农用组全年的需水计划，是斗渠管理委员会或农民用水户协会编制斗渠全年需水计划的依据。汇总某农渠全年各次需水计划，得该农渠年度需水计划（见表9-3）。

表 9-3 ××斗渠××农渠用水组××年需水计划

灌水次序	灌水日期			主要作物	灌溉面积（亩）	毛用水量（m³）
	起始日期	终止日期	天数			
第1次						
第2次						
第3次						
⋮						
合计						

（二）斗渠管理委员会或农民用水户协会需水计划

1. 斗渠次需水计划

斗渠次需水计划是斗渠管理委员会或农民用水户协会向灌区管理单位申请用水的依据，也是编制斗渠年度需水计划的依据。汇总各农渠次需水计划，可得斗渠次需水计划（见表9-4）。

表 9-4 ××斗渠次需水计划
用水时间：×年×月×日～×月×日

农渠	主要作物	灌溉面积（亩）	净用水量（m³）	毛用水量（m³）	斗口取水量（m³）
（1）	（2）	（3）	（4）	（5）	（6）=（5）/$\eta_{斗}$
农渠1					
农渠2					
农渠3					
⋮					
合计					

注：$\eta_{斗}$ 为斗渠水利用系数。

2．斗渠年度需水计划

斗渠年度需水计划指某斗渠管理委员会或农民用水户协会全年的需水计划，它是灌区管理委员会制订全灌区年度用水计划的依据，也是灌区分配灌溉用水量、与斗渠管理委员会签订年度供水合同的依据。汇总斗渠年内各次需水计划，得斗渠年度需水计划（见表9-5）。

表9-5　××斗渠管理委员会（或农民用水户协会）××年需水计划

序号	灌水日期			主要作物	灌溉面积（亩）	斗口取水量（m³）
	起始日期	终止日期	天数			
1						
2						
3						
⋮						
合计						

灌区管理单位根据各斗渠管理委员会或农民用水户协会提交的需水计划，进行全灌区综合平衡，确定年灌区的供水计划，并以下达通知书的形式（见表9-6），下达至各斗渠管理委员会或农民用水户协会。各斗渠管理委员会或农民用水户协会以用水通知书规定的用水量和用水流量为依据，确定各农渠的配水计划。

表9-6　斗渠用水通知书

存根				××灌区××斗渠用水通知书									
用水单位	作物名称	配水面积（亩）	第页	×××斗： 现发布夏灌第×轮用水通知，希按下表内容及时编好灌水计划，并做好准备，按时用水，自误用水期或浪费水量少浇地不补。 （管理机构盖章）　　年　　月　　日									
×渠×斗													
灌水定额（m³/亩）	斗口水量（m³）	斗口流量（m³/s）		作物	配水面积（亩）	灌水定额（m³/亩）	斗口水量（m³）	斗口流量（m³/s）	用水时间				
									起			止	历时
用水时数	起	止							月	日	时	月　日　时	h
	月	日	时	月	日	时							

二、配水计划

配水计划是每次灌水前，在灌溉面积、渠首取水时间、取水量和流量已确定的情况下，拟定向各农渠配水的计划。配水计划由斗渠管理委员会或农民用水户协会制订，内容包括配水原则、配水方式、配水流量及时间等。

（一）斗渠内部配水原则

根据我国一些灌区的实践经验，斗渠内部水量调配的一般原则如下。

1. 先急后缓，由下而上，先左后右，循序轮灌

根据斗渠每轮灌水计划，按先下游、后上游，先左（面向斗渠水流方向的左方）、后右的顺序轮流灌水。在作物需水情况发生变化时，应尊重乡、村、组用水户的用水自主权，在他们所分配的用水时间和所分配的流量范围内，按先急后缓的原则决定灌水顺序。

我国北方灌区灌溉水经常含有大量细颗粒泥沙，在引高含沙浑水灌溉时，由于供水历时短，远距离输水容易引起多数渠道淤积，也可以按先上后下、先近后远的次序轮灌。若引洪水淤灌，应先淤灌盐荒地和重碱地，后淤灌轻盐碱地；先淤灌整片地块，后淤灌零星地块。

斗内的水量调配工作由斗渠管理委员会或农民用水户协会执行，村、组则要由村水管员或农民用水户协会管理人员向各村民小组或用水户分配水量，其他人无权调配水量。

2. 节约归己，浪费不补，水量互济，自愿互利

在斗渠内部计划分配的水量中，凡节约水量的，节约的水仍归节约用户，多灌面积的用水户，下次配水不扣减水量。凡浪费水量、少灌面积的用水户，下次配水一律不补。乡、村、组互相调剂水量，要根据自愿互利的原则，由双方协商，经斗渠管理委员会或农民用水户协会同意后调剂。

3. 坚持按比例配水，均衡受益，全面增产

由于我国灌区各地情况差异很大，而且作物种植情况也很不相同，因此所采用的配水方式各异，但都要坚持按需水比例配水。

4. 配水方法要有利于提高水的利用率、灌水效率和灌水质量

斗渠内部的水量调配要与所采用的地面灌溉方法、灌水技术相适应，以节约灌溉水，提高渠系水的有效利用率，提高浇地效率和灌水质量。

（二）配水量计算

斗渠渠首取水量确定后，一般可按以下两种方法进行配水计算。

1. 按灌溉面积的比例分配

按灌溉面积的比例分配水量的计算公式为

$$W_i = \frac{W\eta_{斗} A_i}{A} \tag{9-6}$$

式中　W_i——分配给第 i 条农渠的水量，m^3；

　　　W——斗渠首取水量，m^3；

　　　$\eta_{斗}$——斗渠水利用系数；

　　　A_i——第 i 条农渠的灌溉面积，亩；

　　　A——该斗渠灌溉面积（即各农渠灌溉面积之和），亩。

按灌溉面积比例分配水量计算比较方便，缺点是没有考虑各农渠控制范围内作物种类及土壤类型等差异。若各农渠作物种类和土壤类型差异明显，则分配结果不太合理。

2. 按灌溉需水量的比例进行分配

在各农渠作物种类及灌水定额差异较大的情况下，宜采用按各农渠灌溉需水量的比例进行分配。即首先计算各农渠的灌溉需水量，然后按各农渠灌溉需水量的比例进行分配，计算公式为

$$W_i = \frac{W \eta_{\text{斗}} W_{i,\text{毛}}}{W_{\text{毛}}} \tag{9-7}$$

式中　$W_{i,\text{毛}}$——第 i 条农渠灌溉需水量，即表9-2中毛用水量合计值，m^3；

　　　$W_{\text{毛}}$——各农渠灌溉需水量之和，m^3；

　　　其余符号意义同前。

【例9-2】　某斗渠有8条农渠，各农渠作物种类及灌溉面积见表9-7。若某次灌水小麦灌水定额为50 m^3／亩，春玉米灌水定额为40 m^3／亩，分配给斗渠的总水量为8.55万 m^3，斗渠水利用系数为0.95，农渠水利用系数均为0.97，田间水利用系数为0.94，试按农渠需水量的比例分配水量。

表9-7　农渠灌溉面积

农渠名称	农1	农2	农3	农4	农5	农6	农7	农8
小麦（亩）	150	120	180	100	155	150	180	200
春玉米（亩）	90	120	45	140	85	70	30	40

解：首先计算各农渠需水量，再根据式（9-7）计算各农渠实际分配水量，计算结果分别见表9-8第三、第四列。

表9-8　××斗渠各农渠配水量

农渠名	灌溉面积（亩）	计划需水量（万 m^3）	实际配水量（万 m^3）
农1	240	1.217	1.042
农2	240	1.184	1.014
农3	225	1.184	1.014
农4	240	1.163	0.995
农5	240	1.223	1.046
农6	220	1.130	0.967
农7	210	1.119	0.957
农8	240	1.272	1.089
合计	1 855	9.492	8.123

（三）配水流量计算

配水流量计算是指将斗渠引取的流量合理地分配给农渠。分配流量与分配水量计算方法相似，不同之处是分配流量需要考虑农渠是轮灌及轮灌组划分方法等因素。

1. 按灌溉面积的比例分配

按灌溉面积的比例分配流量的计算公式为

$$Q_i = \frac{Q\eta_斗 A_i}{A_轮}\qquad(9\text{-}8)$$

式中　Q_i ——分配给第 i 条农渠的流量，m^3/s；

　　　Q ——斗渠首取水流量，m^3/s；

　　　$A_轮$ ——该斗渠一个农渠轮灌组的灌溉面积，亩；

　　　其余符号意义同前。

轮灌组的划分直接关系到灌水量的合理分配与农事活动的恰当安排。因此，合理地划分轮灌组是编好用水单位灌水计划的重要环节。划分农渠轮灌组时，要注意以下几个问题：

（1）要有利于提高斗、农渠的水利用效率。

（2）要有利于灌水与其他农事活动相配合。

（3）要使农渠的分配流量与其输水能力相适应。

（4）轮灌组内的各条渠道应尽量靠近，以缩短输水路程，减少输水损失。

（5）各轮灌组的流量应大致相等，以方便上级渠道配水。

（6）水不走回头路，以减少输水损失。

2. 按灌溉需水量的比例进行分配

在各农渠作物种类及灌水定额差异较大的情况下，宜采用按各农渠灌溉需水量的比例进行分配。即首先计算各农渠的灌溉需水量，然后按各农渠灌溉需水量的比例进行分配，计算公式为

$$Q_i = \frac{Q\eta_斗 W_{i,毛}}{W_轮}\qquad(9\text{-}9)$$

式中　$W_轮$ ——该斗渠一个农渠轮灌组的灌溉需水量，m^3；

　　　其余符号意义同前。

（四）配水时间计算

配水时间是指各农渠自供水开始到供水结束所需的时间。它包括渠道流程时间和田间灌水时间，计算公式为

$$T_i = T_{i1} + T_{i2}\qquad(9\text{-}10)$$

式中　T_i ——农渠配水时间，h；

　　　T_{i1} ——农渠流程时间，h；

　　　T_{i2} ——田间灌水时间，h。

农渠流程时间是指自农渠首流到农渠末所需的时间，其值取决于渠道长度及流速，计算公式为

$$T_{i1} = \frac{L_i}{3\,600 v_i}\qquad(9\text{-}11)$$

式中　L_i ——第 i 条农渠的长度，m；

　　　v_i ——农渠流速，m/s。

田间灌水时间是指从农渠流出，到完成灌水所需要的时间，其值取决于灌水量和渠道流量，可按下式计算

$$T_{i2} = \frac{W_i}{3\,600Q_i} \qquad (9\text{-}12)$$

式中符号意义同前。

（五）配水计划表的编制

根据各农渠的配水方式和计算的配水量、配水流量、配水时间，即可编制配水计划表。配水计划表的格式一般如表 9-9 所示。

表 9-9 ××斗渠各农渠配水计划

灌水时间： 　　　　　配水方式： 　　　　　斗首流量：

农渠名	灌溉面积（亩）	渠长（m）	计划需水量（m³）	实际配水量（m³）	配水流量（m³/s）	配水时间（h）		
						流程时间	灌水时间	配水时间
农渠 1								
农渠 2								
农渠 3								
⋮								
合计								

注：若农渠轮灌，需考虑轮灌组的划分方法。

【例 9-3】 基本资料同例 9-2。另外，已知各农渠长度为 750～800 m（见表 9-10），分两组轮灌，每组包括 4 条农渠，斗首实际引水流量为 0.22 m³/s，农渠流速约为 0.5 m/s，试编制该斗渠上农渠配水计划。

解：该斗渠上各农渠配水计划见表 9-10，其中计划需水量和实际配水量是例 9-2 的计算结果。按式（9-9）计算配水流量，按式（9-11）计算流程时间，按式（9-12）计算灌水时间，按式（9-10）计算配水时间。

表 9-10 ××斗渠各农渠配水计划

灌水时间：×月×日～×月×日 　　配水方式：轮灌 　　斗首流量：0.22 m³/s

轮灌组	农渠名	灌溉面积（亩）	渠长（m）	计划需水量（万 m³）	实际配水量（万 m³）	配水流量（m³/s）	配水时间（h）		
							流程时间	灌水时间	配水时间
轮灌组 1	农 1	240	800	1.217	1.042	0.053	0.44	63.12	63.56
	农 2	240	800	1.184	1.014	0.052	0.44	63.12	63.56
	农 3	225	750	1.184	1.014	0.052	0.42	63.12	63.53
	农 4	240	800	1.163	0.995	0.051	0.44	63.12	63.56
轮灌组 2	农 5	240	800	1.223	1.046	0.054	0.44	63.04	63.49
	农 6	220	750	1.130	0.967	0.050	0.42	63.04	63.46
	农 7	210	750	1.119	0.957	0.049	0.42	63.04	63.46
	农 8	240	800	1.272	1.089	0.056	0.44	63.04	63.49
合计		1 855	6 250	9.492	8.123				

第三节 供水不足条件下作物用水量的优化分配

在遇到干旱年份或干旱季节供水量不足，或由于某种原因限量供水，导致供需水量不平衡，作物的正常用水得不到充分满足时，就须量入而出地分配供水量。常用的方法是按缺水程度有比例地削减每次灌水的供水量或减少灌水次数、延长各次灌水的时间间隔。这些方法由于简单易行而被普遍采用，但因为这样的处理往往与作物生长发育中的需水规律不一致，造成缺水对产量的影响较大。众所周知，作物在各生育阶段缺水对产量影响是不一样的，某些阶段（需水临界期）缺水减产明显，某些阶段对产量影响则很小。因此，如果将有限的水量最大限度地用在作物对缺水较敏感的生育阶段，而使非敏感阶段水分适当亏缺，就可能将缺水对产量的影响降到最低程度。下面介绍一种以降低缺水对产量影响为目的的优化配水方法，有条件的地区可以采用。

一、理论基础

作物耗水量与产量关系的研究表明，作物各个生育阶段中，相对减产量$\left(1-\dfrac{Y_a}{Y_m}\right)$和相对腾发量亏值$\left(1-\dfrac{ET_a}{ET_m}\right)$之间存在着一种线性关系，即

$$K_Y = \frac{1 - \dfrac{Y_a}{Y_m}}{1 - \dfrac{ET_a}{ET_m}} \tag{9-13}$$

式中 Y_a、Y_m——作物某生育阶段单独缺水的实际产量和充分灌溉作物的产量，kg/亩；

ET_a、ET_m——作物某生育阶段的实际腾发量和潜在腾发量，mm 或 m³/亩；

K_Y——产量敏感因子，可根据试验数据计算获得，也可以查表9-11。

将式（9-13）应用于两个或两个以上的主要生育阶段，得

生育阶段1： $\left(1 - \dfrac{Y_{a1}}{Y_m}\right) = K_{Y1}\left(1 - \dfrac{ET_{a1}}{ET_{m1}}\right)$

生育阶段2： $\left(1 - \dfrac{Y_{a2}}{Y_m}\right) = K_{Y2}\left(1 - \dfrac{ET_{a2}}{ET_{m2}}\right)$

将以上二式相除，得

$$\left(\frac{Y_m - Y_{a1}}{Y_m - Y_{a2}}\right) = \frac{K_{Y1}}{K_{Y2}} \cdot \frac{ET_{m2}}{ET_{m1}} \cdot \frac{ET_{m1} - ET_{a1}}{ET_{m2} - ET_{a2}} \tag{9-14}$$

假设允许减产量（$Y_m - Y_{a1}$）和（$Y_m - Y_{a2}$）均匀地分布于各主要生育阶段，则式（9-14）可写成

$$1 = \frac{K_{Y1}}{K_{Y2}} \cdot \frac{ET_{m2}}{ET_{m1}} \cdot \frac{ET_{m1} - ET_{a1}}{ET_{m2} - ET_{a2}}$$

或

$$\frac{ET_{m2} - ET_{a2}}{ET_{m1} - ET_{a1}} = \frac{K_{Y1}}{K_{Y2}} \cdot \frac{ET_{m2}}{ET_{m1}} \tag{9-15}$$

表 9-11　产量敏感因子 K_Y

作物	营养生长期			开花期	产量形成期	成熟期	全生育期
	早期	后期	总计				
苜蓿			0.7 ~ 1.1				0.7 ~ 1.1
香蕉							1.2 ~ 1.35
菜豆			0.2	1.1	0.75	0.2	1.15
甘蓝	0.2				0.45	0.6	0.95
柑橘							0.8 ~ 1.1
棉花			0.2	0.5		0.25	0.85
葡萄							0.85
花生			0.2	0.8	0.6	0.2	0.7
玉米			0.4	1.5	0.5	0.2	1.25
洋葱			0.45		0.8	0.3	1.1
豌豆	0.2			0.9	0.7	0.2	1.15
辣椒							1.1
马铃薯	0.45	0.8			0.7	0.2	1.1
红花		0.3		0.55	0.6		0.8
高粱			0.2	0.55	0.45	0.2	0.9
大豆			0.2	0.8	1.0		0.85
甜菜							
饲用甜菜							0.6 ~ 1.0
糖用甜菜							0.7 ~ 1.1
甘蔗			0.75		0.5	0.1	1.2
向日葵	0.25	0.5		1.0	0.8		0.95
烟草	0.2	1.0				0.5	0.9
番茄			0.4	1.1	0.8	0.4	1.05
西瓜	0.45	0.7		0.8	0.8	0.3	1.1
冬小麦			0.2	0.6	0.5		1.0
春小麦			0.2	0.65	0.55		1.15

由于各生育阶段作物腾发量与各时期的供水量成比例，则式（9-15）可改写为

$$\frac{V_2 - V_{a2}}{V_1 - V_{a1}} = \frac{K_{Y1}}{K_{Y2}} \cdot \frac{V_2}{V_1} \tag{9-16}$$

式中　V_1、V_2——生育阶段 1 和生育阶段 2 充分供水时的用水量，$m^3/$亩；

V_{a1}、V_{a2}——生育阶段 1 和生育阶段 2 限量供水时的用水量，$m^3/$亩；

ET_{m1}、ET_{m2}——作物生育阶段 1 和生育阶段 2 的潜在腾发量，mm 或 $m^3/$亩；

ET_{a1}、ET_{a2}——作物生育阶段 1 和生育阶段 2 的实际腾发量，mm 或 $m^3/$亩；

K_{Y1}、K_{Y2}——作物生育阶段 1 和生育阶段 2 的产量敏感因子。

令 $WS_1 = V_1 - V_{a_1}$，$WS_2 = V_2 - V_{a_2}$，则式（9-16）可写成

$$\frac{WS_1}{WS_2} = \frac{K_{Y2}}{K_{Y1}} \cdot \frac{V_1}{V_2} \tag{9-17}$$

式中　WS_1——生育阶段 1 中的缺水量，$m^3/$亩；

　　　WS_2——生育阶段 2 中的缺水量，$m^3/$亩；

　　　其余符号意义同前。

有限供水量条件下，为获得最大单位面积产量，可通过式（9-17）分配灌水量。

二、计算步骤

（一）确定作物节水临界期

产量敏感因子 K_Y 值反映作物产量对缺水的敏感程度。K_Y 高的生育阶段缺水会大幅度减产，称为需水临界期，应尽可能使该生育阶段的需水量得到满足；K_Y 低的生育阶段少灌水或不灌水对产量影响较小，适合在此阶段节水，故可称为节水临界期。K_Y 值可参考表 9-11 确定。

（二）计算缺水量（或节水量）

缺水量等于需水量和实际供水量之差，对于节水临界期而言，缺水量即为节水量。任何情况下缺水量（或节水量）不得大于充足供水量的 50%，否则式（9-17）不成立。某生育阶段的缺水量可用式（9-17）算出。若该生育期较长，包括两个或两个以上月份，则各月的缺水量可用下式计算

$$WS_月 = WS_期 \frac{V_月}{V_期} \tag{9-18}$$

式中　$WS_月$——某月份的缺水量（或节水量），$m^3/$亩；

　　　$WS_期$——某生育阶段的缺水量（或节水量），$m^3/$亩；

　　　$V_月$——充分供水时该月用水量，$m^3/$亩；

　　　$V_期$——充分供水时该生育阶段的用水量，$m^3/$亩。

（三）计算限量供水时月用水量

限量供水时月用水量计算公式如下

$$V_{a,月} = V_月 - WS_月 \tag{9-19}$$

式中　$V_{a,月}$——限量供水时某月用水量，$m^3/$亩。

（四）确定用水计划

分以下两种情况确定用水计划。

（1）保持原灌水间隔不变，确定每次灌水的灌水定额。计算公式如下

$$m = V_{a,月} \times \frac{T_1}{T_月} \tag{9-20}$$

式中　m——灌水定额，$m^3/$亩；

　　　T_1——充分供水条件下的灌水间隔，d；

　　　$T_月$——该月天数，d。

若灌水定额本来就较小，采用这种方法会导致实际灌水定额过小，在地面灌溉条件

下不利于保证灌水均匀度。

（2）保持充分灌溉时的灌水量不变，确定限量供水时的灌水间隔。计算公式如下

$$T_2 = T_1 \times \frac{V_{月}}{V_{a,月}}$$ (9-21)

式中　T_2——限量供水时的灌水间隔，d。

确定灌水间隔后，在制订灌溉计划时作一些调整以方便灌溉管理，例如灌溉季节的某一阶段各月份运用相同的灌水间隔。

这里的灌水间隔仅针对某种作物，当农渠或斗渠范围内种植多种作物时，各种作物需要的灌水时间都可能不同，此时可按"主要作物关键用水期的灌水时间不动或稍有移动（前后移动不超过 3 d），尽量调整其他作物的灌水时间"的原则，调整配水计划表。同样，这种情况下该方法的有效性也随着种植作物种类增多而降低。

【例9-4】　某地种植冬小麦，各月份充分灌溉条件下的用水量分配及灌水间隔时间见表9-12；限量供水条件下每年可灌水量为 160 m³/亩。冬小麦苗期（生育阶段 1）约 30 d，营养生长约 90 d（生育阶段 2），开花期约 30 d（生育阶段 3），产量形成期约 30 d（生育阶段 4），成熟期约 30 d（生育阶段 5）。试确定限量供水条件下的配水方案。

表9-12　某地冬小麦供水不足条件下的灌溉配水计划

项目	11 月	12 月	1 月	2 月	3 月	4 月	5 月	总计
V（m³/亩）	0	40	0	40	70	40		190
T_1（d）		31		28	31	30	31	
生育阶段	苗期	营养生长期			开花期	产量形成期	成熟期	
K_Y		0.2			0.6	0.5		
WS（m³/亩）	0	25				5	0	30
	0	12.5	0	12.5	0	5	0	30
V_a（m³/亩）	0	27.5		27.5	70	35		160
灌水次数	0	1	0	1	1	1		
m（m³/亩）	0	27.5	0	27.5	70	35		160

解：（1）确定冬小麦的节水临界期。由表9-11 知，营养生长期（$K_{Y1} = 0.2$）是最适宜的节水期，其次是产量形成期（$K_{Y3} = 0.5$）和开花期（$K_{Y2} = 0.6$）。

（2）计算各生育阶段的节水量（或缺水量）。限量供水条件下，每亩冬小麦全年节水量（或缺水量）为 190 – 160 = 30（m³）。假设只在两个较适宜的生育阶段（即营养生长期和产量形成期）节水，节水总量为

$$WS_2 + WS_4 = 30(\text{m}^3)$$

每个生育阶段节约水量可根据式（9-17）计算。由表9-11及表9-12知，$V_2 = 40 + 40 = 80(\text{m}^3/\text{亩})$，$K_{Y2} = 0.2$；$V_4 = 40 \text{ m}^3/\text{亩}$，$K_{Y4} = 0.5$。将这些数据代入式（9-17），得

$$\frac{WS_2}{WS_4} = \frac{0.5}{0.2} \times \frac{80}{40}$$

联解以上两式，得 $WS_2 = 25 \text{ m}^3/\text{亩}$，$WS_4 = 5 \text{ m}^3/\text{亩}$。其中，$WS_4$ 是第4生育阶段节水量，即4月份节水量；WS_2 是12份和2月份合计节水量，需按式（9-18）进行分配，12月份节水量为

$$WS_{12月} = WS_2 \times \frac{V_{12月}}{V_2} = 25 \times \frac{40}{80} = 12.5(\text{m}^3/\text{亩})$$

2月份节水量为

$$WS_{2月} = WS_2 \times \frac{V_{2月}}{V_2} = 25 \times \frac{40}{80} = 12.5(\text{m}^3/\text{亩})$$

（3）计算限量供水时每月用水量 $V_{a,月}$。限量供水时每月用水量可由式（9-19）计算，12月份用水量为

$$V_{a,12月} = V_{12月} - WS_{12月} = 40 - 12.5 = 27.5(\text{m}^3/\text{亩})$$

其他时期计算结果见表9-12。

（4）分以下两种情况确定配水方案。

①保持充分灌水条件下的灌水间隔不变，确定灌水定额。限量供水条件下，12月份灌水定额按式（9-20）计算

$$m_{12月} = V_{a,12月} \times \frac{T_{1,12月}}{T_{12月}} = 27.5 \times \frac{31}{31} = 27.5(\text{m}^3/\text{亩})$$

其他时期计算结果见表9-12。

②保持充分灌溉时的灌水定额（灌水量）不变，确定限量供水时的灌水时间间隔。限量供水条件下，12月份灌水时间间隔按式（9-21）计算

$$T_{2,12月} = T_{1,12月} \times \frac{V_{12月}}{V_{a,12月}} = 31 \times \frac{40}{27.5} = 45(\text{d})$$

同理，可算得2月份灌水间隔亦为45 d。由于1月份不需要灌溉，因此12月份延期灌溉，或2月份提前灌溉都没有意义。另外，5月份已处成熟期，4月份延长灌水间隔时间也没有意义，因此这种配水方案对于本例并不适用。

第四节　田间灌溉管理技术经济指标

为反映田间灌溉管理的技术水平、管理水平和经济效益，必须科学地制订出一系列技术经济评估指标，以衡量和评价其技术经济效益。

田间灌溉管理技术经济指标，除在第一章第二节介绍的田间灌水质量指标及第四章第三节介绍的水利用系数外，在管理方面尚需采用以下指标。

一、田间灌溉用水量方面的评估指标

(一) 综合净灌水定额 $m_{综净}$

综合净灌水定额 $m_{综净}$ 为

$$m_{综净} = \frac{\sum_{i=1}^{n} m_i A_i}{A} \tag{9-22}$$

式中　m_i——第 i 种作物灌水定额，$m^3/$亩；

　　　　A_i——第 i 种作物灌溉面积，亩；

　　　　n——作物种数；

　　　　A——总灌溉面积，亩。

综合净灌水定额是反映灌区灌溉用水是否合适的一项重要指标。与自然条件和作物种植比例相似的灌区进行对比，可反映本灌区田间灌水技术水平的高低。

(二) 单位灌溉面积毛灌溉用水量 $m_毛$

单位灌溉面积毛灌溉用水量 $m_毛$ 为

$$m_毛 = \frac{W}{A} \tag{9-23}$$

式中　W——某次灌水的毛灌溉水量，$m^3/$亩；

　　　　其余符号意义同前。

单位灌溉面积毛灌溉用水量可按每种作物分别计算，也可计算整个灌区的单位灌溉面积毛灌溉用水量。单位灌溉面积毛灌溉用水量反映灌区灌溉用水管理水平，单位灌溉面积毛灌溉用水量愈小，灌溉管理水平愈高。

二、灌溉工程状况方面的评估指标

(一) 田间工程配套率 δ

田间工程配套率 δ 为

$$\delta = \frac{A_配}{A_效} \times 100\% \tag{9-24}$$

式中　$A_配$——已配套完备的田间渠系实际控制的灌溉面积，亩；

　　　　$A_效$——有效灌溉面积，即田间渠系实际控制的可灌面积，亩。

田间工程不完善，是造成田间灌溉水量浪费、灌水质量低和影响农业高产的重要原因之一，因此田间工程配套率是衡量田间渠系配套及其工程管理水平的重要标志。

(二) 田间工程设施完好率 β

田间工程设施完好率 β 为

$$\beta = \frac{N_好}{N} \times 100\% \tag{9-25}$$

式中　$N_好$——田间工程建筑物完好的座数或完好的田间渠道长度，座数或 km；

　　　　N——田间工程建筑物总座数或田间渠道的总长度，座数或 km。

对于田间渠系建筑物，完好是指整体安全，无较大破损，各种建筑物能正常运用，各种闸门能灵活启闭等。对于田间渠道，完好是指无较大坍塌，无严重淤积，无溃决，能正常运行，并能达到设计过水能力。田间工程设施完好率是田间工程设施完好程度及其工程管理水平的重要指标。

三、灌溉面积及产量方面的评估指标

（一）实灌面积率 λ

实灌面积率 λ 为

$$\lambda = \frac{A}{A_{效}} \times 100\% \tag{9-26}$$

式中符号意义同前。

（二）计划灌溉面积完成率 α

计划灌溉面积完成率 α 为

$$\alpha = \frac{A}{A_{计}} \times 100\% \tag{9-27}$$

式中　$A_{计}$——当年或某季或某轮、某次的计划灌溉面积，亩；
　　　　其余符号意义同前。

实灌面积率和计划灌溉面积完成率是表征用水单位或田间工程实际灌溉的能力，以及工程状况、农业生产配合状况与水土资源利用的潜力状况。

（三）单位面积产量 y_i

单位面积产量 y_i 为

$$y_i = \frac{Y_i}{A_i} \tag{9-28}$$

式中　Y_i——第 i 种作物的总产量，kg；
　　　　A_i——第 i 种作物的种植面积，亩。

（四）单位灌溉水量产量 y_w

单位灌溉水量产量 y_w 为

$$y_w = \frac{Y_i}{W_i} \tag{9-29}$$

或

$$y_w = \frac{y_i}{M_i} \tag{9-30}$$

式中　W_i、M_i——所计算作物的田间毛灌溉用水量与田间毛灌溉定额，m³/亩；
　　　　其余符号意义同前。

单位面积产量和单位水量产量是衡量灌溉农业田间灌溉用水与农业生产相结合的田间管理水平的重要指标。

四、灌溉效益与成本费用方面的评估指标

（一）单位面积灌溉效益 b_i

单位面积灌溉效益 b_i 为

$$b_i = (y_i - y_0)C_i + (y_i' - y_0')C_i' - h_i \tag{9-31}$$

式中　Y_i 与 Y_0——灌溉与非灌溉条件下第 i 种作物的单位面积产量，kg/亩；

　　　　Y_i' 与 Y_0'——灌溉与非灌溉条件下第 i 种作物副产品的单位面积产量，kg/亩；

　　　　C_i 与 C_i'——第 i 种作物主产品与副产品的单价，元/kg；

　　　　h_i——第 i 种作物单位面积的灌溉年费用，元/亩。

单位面积灌溉效益反映了作物灌溉后比不灌溉所能达到的增产效益水平。

（二）单位水量灌溉效益 b_w

单位水量灌溉效益 b_w 为

$$b_w = \frac{b_i}{M_i} \tag{9-32}$$

式中符号意义同前。

单位水量灌溉效益反映了田间用水的经济效益水平高低。单位面积灌溉效益与单位水量灌溉效益是评估田间灌溉管理水平高低的两个重要指标。

（三）水分生产率 $\eta_{产}$

水分生产率 $\eta_{产}$ 为

$$\eta_{产} = \frac{y_i}{E_i} \tag{9-33}$$

式中　E_i——第 i 种作物全生育期需水量，m^3/亩；

　　　　其余符号意义同前。

《节水灌溉技术规范》（SL 207—98）规定，实施节水灌溉后，水分生产率应提高 20%以上，且不应低于 1.2 kg/m^3。

（四）田间灌水成本 C

田间灌水成本是指旱作物农田采用地面灌溉单位面积所需要的费用

$$C = \frac{C_p + C_w + C_j + C_i}{A} \tag{9-34}$$

式中　C_p——灌水员的工资，元；

　　　　C_w——水费或水资源费，元；

　　　　C_j——灌水工具，灌水设备、机具、机电装置，以及田间工程设施和土地平整等的折旧费用，元；

　　　　C_i——燃料（包括机电用油或用电及照明等）的费用，元；

　　　　其余符号意义同前。

（五）实收单位面积水费 i

实收单位面积水费 i 为

$$i = \frac{I}{A} \tag{9-35}$$

式中　I——田间灌溉管理单位一年或一季、一轮等实际收入的灌溉用水水费总额，万元；

　　　　其余符号意义同前。

（六）实收单方水费 i_w

实收单方水费 i_w 为

$$i_w = \frac{I}{W} \tag{9-36}$$

式中符号意义同前。

（七）水费征收率 E

水费征收率 E 为

$$E = \frac{I}{I_应} \times 100\% \tag{9-37}$$

式中　$I_应$——应收水费总额，万元，$I_应 = i_应 A$，$i_应$ 为规定的水费征收标准，元/亩；

其余符号意义同前。

实收单位面积水费或实收单方水费是根据不同地区有无量水设施分别进行核收的，为节约田间灌溉用水，应健全、完善量水设施，采取单方水费计收更为合理。按灌溉地单位面积计收水费，容易造成灌水定额过大，大大超过计划灌水定额，以致发生深层渗漏，甚至引起地下水位上升等不良现象。

实收单位面积水费或实收单方水费，以及水费征收率是反映田间灌溉管理单位经济收入水平的重要标志之一。

五、节水方面的评估指标

（一）节水率 η_∂

节水率是标志灌溉方法节水效益高低的重要指标。节水率指不同地面灌溉方法单位面积灌溉用水量的比值，即

$$\eta_\partial = \frac{W_1 - W_2}{W_1} \times 100\% \tag{9-38}$$

式中　W_1、W_2——两种灌溉方法单位面积上的灌溉用水量，通常可用实际的灌水定额计算，$m^3/$亩。

（二）节水增产率 F_y

节水增产率是指在同样气候等自然条件和农业技术条件下，旱作物采用地面灌溉方法某种节水灌水技术与传统地面灌溉方法灌水技术间，其平均单位面积产量所增加的产量百分数，即

$$F_y = \frac{Y_1 - Y_2}{Y_1} \times 100\% \tag{9-39}$$

式中　Y_1、Y_2——两种灌溉方法或两项灌水技术的平均单位面积产量，kg/亩。

节水增产率是评估地面灌溉方法或灌水技术的一项综合性经济指标，它标志着某种地面灌溉方法或某项灌水技术的增产效果及其产量水平。

附　录

附录 A　WinSRFR 在地面灌溉设计及运行管理中的应用

WinSRFR 是集地面灌溉评价、设计和模拟为一体的地面灌溉系统综合性分析软件。2006 年 9 月，美国农业部干旱农业研究中心发布了 WinSRFR 1.1 版，随后对其功能进行不断完善和扩展，2009 年发布了最新版本 WinSRFR 3.1。本附录简单介绍 WinSRFR 在地面灌溉设计及运行管理中的应用。

一、WinSRFR 软件概述

（一）WinSRFR 3.1 的运行环境

WinSRFR 3.1 可以在 Windows XP，Windows 2000，Windows Vista 上运行，目前没有汉化版本。软件所占空间约 20 M，各工程文件所占空间约几兆。

（二）WinSRFR 3.1 的安装和卸载

首先将 WinSRFR 3.1 的安装程序 AlarcWinSrfr31Setup. exe 拷贝到装有 Windows XP 或 Windows 2000 或 Windows Vista 系统的计算机上，然后用鼠标左键双击该程序，则启动了 WinSRFR 3.1 的安装程序，用户可根据提示一步一步操作，直到程序安装完成。程序默认安装路径为 C：/Program Files /USDA/WinSRFR 3.1，用户可修改其安装路径。

当用户想卸载该软件时，则需通过控制面板上的安装和卸载菜单对其进行删除。

（三）WinSRFR 3.1 的用户界面及菜单

附图 1 给出了 WinSRFR 的主界面，主界面主要包括文件管理区、文件详细描述区、基本菜单区和功能模块选择区。

1. 文件管理

从附图 1 可知，WinSRFR 采用树枝状的文件夹结构对项目文件进行管理。资源管理器中包括三级文件夹（Farm，Field，World），每一个文件夹下可包括多个子文件夹。第三级 World 为功能模块文件夹，其中包括具体的分析和模拟文件。用户新建一个项目时，系统自动保存为. srfr 文件，如附图 1 中的 yongxin. srfr，该项目可对永兴农场 4 块地每次灌溉事件的模拟分析评价、优化设计和管理文件及输入输出数据进行管理。

一个项目只能包括一个 Farm 级文件夹，项目名便是 Farm 级文件夹名。Farm 级文件夹下可包括多个 Field 级文件夹，如附图 1 中 Farm：永兴农场下包括 A1、A2、A3、A4 四个 Field 级文件夹。Field 级文件夹下可包括多个功能模块文件夹，如附图 1 中 A1 文件夹下包括了 5 个 World 级文件夹，2 个是 Event 功能模块，1 个是 Design 功能模块，1 个是 Operation 功能模块，1 个是 Simulation 功能模块。对于各级文件夹的编辑 WinSRFR 提供了便捷的右键菜单操作。

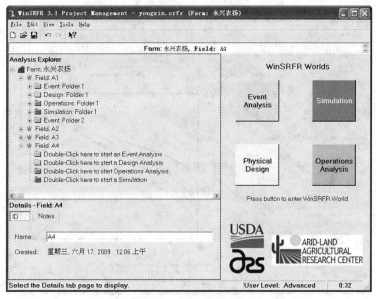

附图1　WinSRFR 主界面

2．文件描述

见附图1文件详细描述区（图中左下方区域），通过 ID 可修改各级文件夹和文件的名字，通过 Notes 可写一些详细的备注，包括文件夹的一些介绍等。

3．基本菜单

见附图1基本菜单区主要包括5项基本菜单（File，Edit，View，Tools，Help）。菜单 File 具有新建、保存、打开、关闭项目和清除所有计算结果等功能。

通过菜单 Edit 主要可对用户水平（User Level）、用户参数（User Preferences）和变量单位（Units）等进行设定。用户参数中包括7项功能选择，可对文件名、文件打开方式，结果显示方式，文件保存路径，参数或经验模型，变量单位，图表的颜色、显示方式和显示内容，等值线图的颜色、方式等进行设定。

View 的功能主要是刷新窗体。Tools 菜单包括两个功能：一是数据比较功能（Data Comparison）见附图2，第二是单位换算表（Conversion Chart）。数据比较功能中可对打开的项目中所有选中的文件的入渗函数、入渗深度、入流、推进消退、性能指标等进行比较分析。附图2中给出了选中的4个田块的入渗函数的比较图。数据比较分析窗体也包括4个菜单（File，Edit，View，Help），具有对该窗体中的比较图进行打印、拷贝或取消已选中的比较项进行重新选择等功能。单位换算窗体给出了不同长度、面积、深度、水量、流量等的英制单位和国际单位间的换算值。

Help 菜单提供了 WinSRFR 的使用指南，以及使用中出现问题的解决方法。

（四）软件基本功能模块

由附图1可知，WinSRFR 软件包括4个功能模块即灌溉分析评价模块（Event Analysis）、灌溉模拟模块（Simulation）、灌溉系统设计模块（Physical Design）和灌溉运行管理模块（Operations Analysis）。

1．灌溉分析评价模块（Event Analysis）

该模块主要是通过灌溉时或灌溉后实测的灌溉资料对灌溉性能进行分析评价。模块

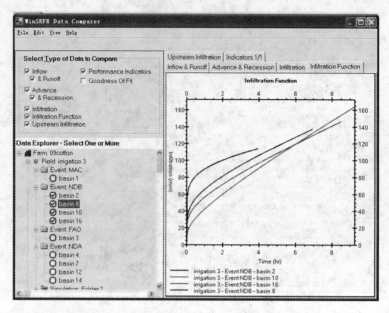

附图2　数据比较（Data Comparison）菜单功能显示

中有三种评价方法可供选择：第一种是根据实测的入渗剖面数据对灌溉性能进行评价
（Probe Penetration Analysis）；第二种是根据实测的推进消退数据在对入渗参数进行反求
的基础上对灌溉性能进行评价（Merriam-Keller Post-Irrigation Volume Balance Analysis）；
第三种是根据实测的沿畦长方向两个位置的推进数据在对入渗参数进行估算的基础上对
灌溉性能进行评价（Elliot-Walker Two-Point Method Analysis）。实际应用中，用户可根
据自己的实测资料选择评价方法，通常推荐采用第二种方法。

　　2. 灌溉模拟模块（Simulation）

　　该模块可对沟灌、水平畦灌和畦灌的灌水过程进行模拟。点击 Simulation World 键
进入灌溉模拟主界面后，可对需要模拟的田块的灌溉方式、田块首部和尾部条件等进行
选择。

　　3. 灌溉系统设计模块（Physical Design）

　　该模块可对田块几何参数进行优化设计，尤其是田块长和宽。该模块给出了两种设
计方案，一种是已知田块入流量，得到以田块长与宽为变量的灌溉性能等值线图；第二
种是给定田块宽度，得到以田块长度与田块入流量为变量的灌溉性能等值线图。

　　4. 灌溉运行管理模块（Operations Analysis）

　　对于给定的田块规格，该模块可以对入流量和关口时间进行优化，可给出以入流量
和关口时间为变量的灌溉性能等值线图。

二、各功能模块所需基本参数的输入

　　WinSRFR 软件提供了非常便捷的用户输入输出界面，所有功能模块都采用相似的
按键功能控制。单击每一个按键得到相应的输入输出界面，界面中会对该按键对应的功
能、输入输出数据类型等进行详细描述。各功能模块都具有上下两排按键，底部一排按

键主要是录入数据，顶部一排按键主要是显示结果，在软件运行前顶部一排按键不可见，软件运行完后点击底部的 Result 键便可激活顶部显示结果的各按键。

各模块所需相同的基本参数包括田块几何参数（System Geometry）、土壤作物参数（Soil Crop Properties）和入流量（Inflow）。

（一）田块几何参数（System Geometry）

田块几何参数指畦田的长宽或沟的横断面参数，以及田块的田面高程。点击 System Geometry 键可进入输入界面，该输入界面中需要输入的项取决于你在功能模块主界面中所选择的田块基本条件（如畦灌或沟灌），且不同功能模块所需的具体参数存在差异。如在灌溉系统设计模块中，田块长宽是模块的输出参数，因此在输入界面中这两个参数不可编辑，编辑框中会显示 TBD。各输入界面上具有灵活的右键菜单功能，比如瞄准输入框旁边的单位，点击右键便可弹出单位的选择项，对各变量单位进行灵活选择，另一方面对于输入界面上所有图形也可通过右键菜单对其进行复制或导出。

在功能模块主界面中若选择畦灌，System Geometry 键对应的输入界面见附图 3，要求输入畦长（L）、畦宽（W）、允许的最大地表水深（即畦埂高度）和畦田表面微地形。微地形的描述有 5 个选择项：①是坡度（Slope），要求直接输入坡度值便可；②是距离与坡度的对应表（Slope Table），要求输入一组距离—坡度数据（见附图 4）；③是距离与高程对应表（Elevation Table），要求输入一组距离—高程数据（见附图 5）；④和⑤分别是从输入的距离—坡度数据和距离—高程数据得到平均的坡度，要求输入的数据格式分别与②和③相似。当你选择输入一组数据后，只需点击选择框右边的 Edit Table 键，便会弹出附图 4 或附图 5 这样的输入框，输入框顶部的 File 和 Edit 菜单可对该输入框进行编辑，通过 Edit 菜单可以添加或删除输入表中的行。数据录入有 3 种方式：①是手工录入；②是从 Excel 文件中拷贝，然后粘贴到录入区域；③是通过 File 菜单中的导入（Import）功能从文件中导入数据。对于表中数据的导出也非常方便，一方面通过 File 菜单中的导出（Export）功能将数据导出并存成一个文件，另一方面选取数据区域将数据拷贝到别的文件中。对于灌溉分析评价模块和模拟模块，其几何参数输入界面如上所述；对于设计功能模块，田块长宽变成不可编辑的，也不用输入最大地表水深，田面微地形只有三种输入选择（即①，④，⑤）；对于运行管理功能模块除要求输入长宽外，别的与设计功能模块相似。

在功能模块主界面中若选择沟灌，System Geometry 键对应的输入界面见附图 6。要求输入沟长、每次灌溉的一组沟的数量、沟与沟的间距和沟的横断面形状。沟的横断面的输入方式有 4 种选择：①是标准梯形断面（Trapezoid）；②是标准弧形断面（Power Law）；③是从实测数据拟合的梯形断面（Trapezoid from Field Data）；④是从实测数据拟合的弧形断面（Power Law from Field Data）。沟底面的微地形输入方式与选择畦灌时一样，参见上述方法便可。

对于沟断面的输入，当选择梯形断面（Trapezoid）时，需要输入断面最大深度、沟底宽和侧坡。当选择 Power Law 时，需要输入断面最大深度、离底部 100 mm 处沟断面宽度和幂指数。当选择 Trapezoid from Field Data 或 Power Law from Field Data 时，点击旁边的 Edit Data 便进入数据输入界面。沟断面示意图见界面右侧，可以采用右键菜单对

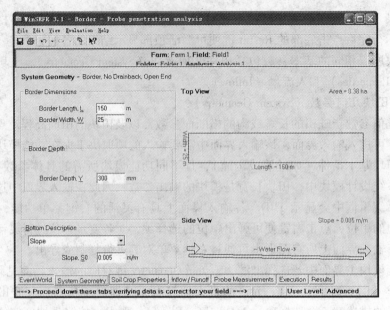

附图3　畦田几何参数输入界面

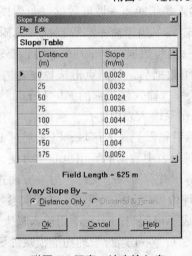

附图4　距离—坡度输入表

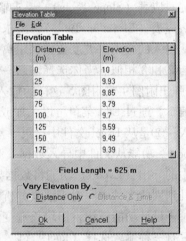

附图5　距离—高程输入表

图形进行编辑。

（二）土壤作物参数（Soil Crop Properties）

　　WinSRFR 中土壤作物参数主要包括土壤入渗特性参数和田面糙率系数。单击 Soil Crop Properties 键进入参数录入界面（见附图7）。

　　界面左侧为糙率系数 n 的录入栏，点击下拉菜单会显示两种录入选择：①是根据以往经验录入 n 值；②是采用 NRCS 建议的值。

　　界面右侧为入渗特性参数录入界面。入渗特性的描述方式有多种，通过下拉菜单可进行选择，然后录入相应的入渗参数便可。如果没有合适的参数值，也可选用 NRCS 推荐值，此时在下拉菜单中选中 NRCS Intake Family 便可。在灌溉分析评价模块中，可通过实测资料对入渗参数进行估算，入渗参数是输出值。在有灌溉实测资料的情况下可将

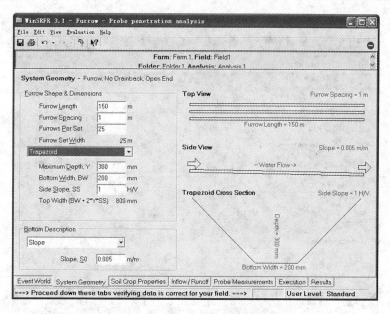

附图6　灌溉沟几何参数输入界面

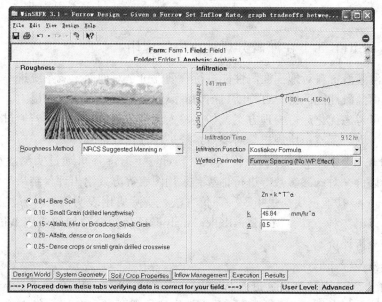

附图7　土壤作物参数录入界面

灌溉分析评价模块估算得到的入渗参数值作为其他三大功能模块所需的入渗参数值。

（三）入流量（Inflow）

WinSRFR 中通过 Inflow Management 录入田块灌溉时的入流量和关口时间等，录入界面见附图8。需要录入的参数从上到下包括水费、作物灌溉需水量、入流量和关口选择。入流量的录入有两种选择：①是入流均匀，直接录入流量便可；②是入流不均匀，则录入流量随时间的变化过程便可，选择 Tabulated Inflow 时会自动弹出录入表格。关口时间的选择有两种：①是基于时间关口，则录入灌溉时间便可；②是基于距离关口则录入关口成数便可。

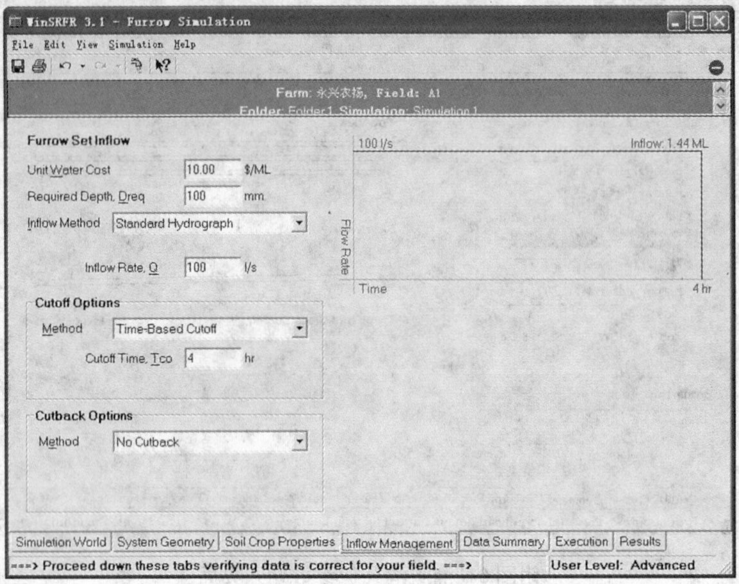

附图 8　灌溉入流量录入菜单

三、WinSRFR 3.1 在灌溉分析评价中的应用

基于实测灌溉资料对地面灌溉性能进行合理评价是对地面灌溉系统进一步改进的前提。通过地面灌溉性能评价，可判断目前的灌溉性能是否具有改进的潜力。如果有改进潜力，首先可考虑优化运行管理方案，如调整入流量或关口时间等。若通过优化运行管理改善不大，则可调整田块规格等对灌溉系统进行优化改进。

WinSRFR 3.1 中的灌溉分析评价模块（Event Analysis）可通过实测灌溉资料对灌溉性能进行评价，对入渗参数等进行估算，采用图表等方式给出评价结果。前面已经介绍 Event Analysis 功能模块提供了 3 种评价方法，实际应用表明第二种方法最为实用和可靠，因此以第二种方法（Merriam-Keller Analysis）为例介绍如何应用 WinSRFR 对灌溉事件进行分析评价。

具体分析步骤如下：

（1）打开 WinSRFR 文件，进入 WinSRFR 主界面，单击 File 菜单中 New Project，新建项目文件，并保存为 Example. srfr。在文件描述区只要单击各级文件夹或文件名便可对各级名称进行修改。

（2）双击 Event：Folder1 文件夹下的任一文件名，便可进入 Event Analysis 的主界面，即 Event World 界面（见附图 9）。根据所要评价的田块基本情况对附图 9 所示的各项进行选择，单击文字前的空心圆便可。本例所分析的田块为沟灌（Furrow）、无回流（No Drainback）、沟尾部关口（Blocked End），选用第二种入渗分析方法（Merriam-Keller Analysis），设定后界面见附图 9，所有已选项都带黑点。界面右侧蓝色窗体中的文字是对第二种入渗分析方法的介绍，并列出了相应需要输入的参数和该模块的具体功能。

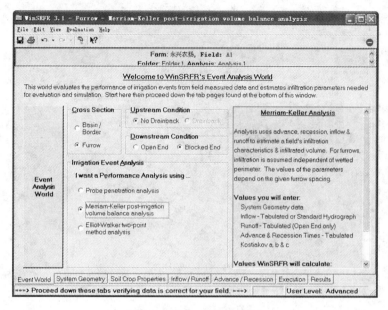

附图 9　Event 模块主界面

（3）单击 System Geometry 键录入沟横断面和沟底坡参数。本例灌水沟横断面选择 Trapezoid from Data（见附图 10），具体录入方法见上面"二、各功能模块所需基本参数的输入"。

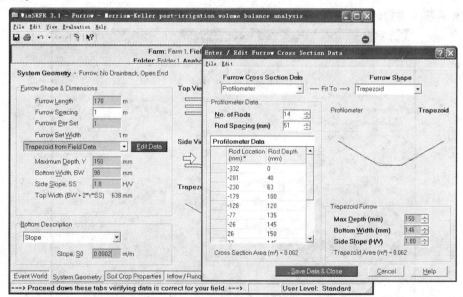

附图 10　田块几何参数录入界面

（4）单击 Soil Crop Properties 键录入糙率系数，本例选择用户输入参数值（见附图 11）。

（5）单击 Inflow/Runoff 键输入灌溉入流量及关口时间等（见附图 12），左侧界面从上往下的录入栏分别是水费（对性能指标计算无影响）、作物灌溉需水量（会直接影

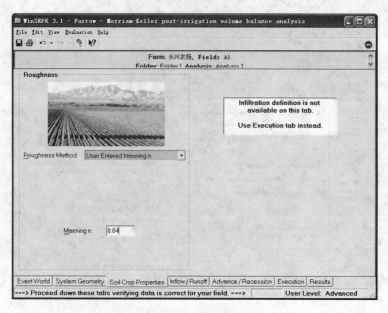

附图 11　土壤作物参数录入界面

响灌水效率、渗漏率等的计算），本例设定为 100 mm；入流类型选择 Standard Hydro-graph，所以只需输入一个流量值便可；关口选择 Time-Based Cutoff，所以需输入灌水时间。是否有回流选择 No Cutback。各种不同选择项的具体录入方法见上面 "二、各功能模块所需基本参数的输入"。

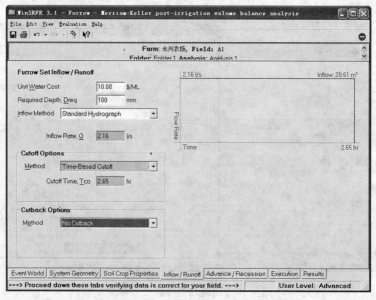

附图 12　入流录入界面

（6）单击 Advance/Recession 键，进入推进消退时间的录入界面（见附图 13）。首先通过右键菜单（点击鼠标右键，弹出一个菜单）在输入表中添加需要的行数。数据录入可通过3种方式：①是手工录入；②是从 Excel 表中拷贝，然后粘贴到该数据录入表中；③是从数据文件中导入（File-Advance Table（Recession Table）- Import from File）。

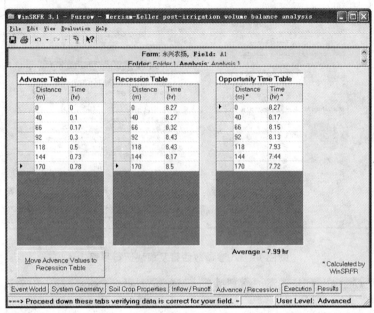

附图13　水流推进消退录入界面

WinSRFR 软件中只要是需通过输入表录入一组数据的都可采用以上3种方式进行数据录入。本例采用第二种录入方式，即从 Excel 表中拷贝过来。消退时间与推进时间的录入方式一样，录入完推进和消退时间后，软件会自动计算出受水时间（消退时间－推进时间）。

（7）录入完基本数据后，单击 Execution，进入 Event Analysis 功能模块的运行计算界面（见附图14）。该界面左上为入渗函数（Infiltration Function）的选择，WinSRFR 中包括6种入渗函数。左下为入渗常数的估算界面。估算完后界面右侧灰色的运行键（Verify and Summarize Analysis）变为蓝色，参数估算键消失。单击运行键 Verify and Summarize Analysis，运行完后自动弹出输出结果窗体（见附图15），各项输出结果的菜单键位于窗体顶部。对于需要录入参数的情况，用户录入的参数只是一个初值，用户可根据输出结果中实测与模拟所得推进消退时间之间的吻合情况（Goodness of Fit）对录入参数进行调整。每调整一次参数，则需重复步骤（7）中的操作，直到实测与模拟值吻合最佳，最后得到田块的入渗参数和性能评价指标值。

通过以上7步则可得到相应的入渗参数估算值和灌溉性能分析评价结果，各项输出结果的主要内容和输出形式见附表1。表中输出项名称与附图15一致，输出内容用中文加以说明。对于输出结果中的图形通过右键菜单可把图形或图形所包含的基本数据拷贝到别的文件中。

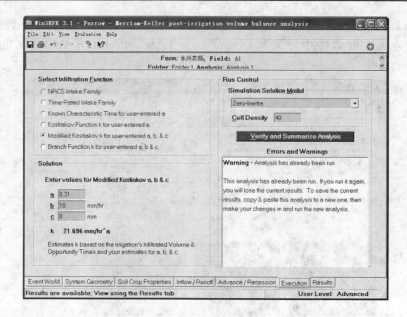

附图14　入渗参数估算及模块运行界面

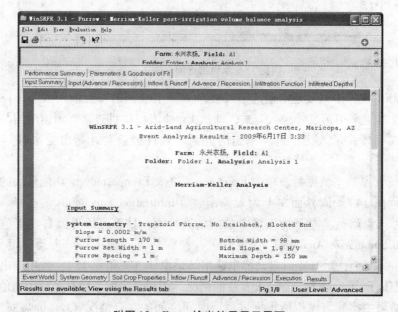

附图15　Event 输出结果显示界面

四、WinSRFR 3.1 在灌溉模拟中的应用

WinSRFR 软件中的灌溉模拟模块（Simulation）可以对沟灌、畦灌、水平格田灌的灌水过程进行模拟。灌溉模拟时需要对田块几何尺寸、首尾部边界条件、入渗参数、糙率系数、入流量、关口时间等进行设定。应用 Simulation 进行模拟的具体步骤如下。

附表 1　灌溉分析评价模块输出内容

输出项名称	输出形式	输出内容
Irrigation Measurements	文本	概括了该模块基本的输入参数值
Advance/Recession	文本	录入的实测的推进消退时间
Inflow & Runoff	图	录入的田块入流和出流过程线（时间—流量）
Advance/Recession	图	实测与模拟所得推进、消退和受水时间的对比图（距离—时间）
Infiltration Function	图	根据模块所估算的入渗参数计算所得入渗函数图（时间—入渗深度）
Infiltrated Depth	图	根据实测受水时间所得入渗深度和模拟所得入渗深度沿田长的分布图（距离—入渗深度）
Performance Analysis	文本	给出入渗参数值和各性能指标值（实际灌水深度、灌水效率、灌水均匀度、深层渗漏系数等）
Goodness-of-Fit	文本	给出实测与模拟所得推进、消退和受水时间，以及入渗深度之间的误差分析结果

（一）新建模拟文件

如果要新建项目，则参照 Event Analysis 应用中的步骤（1）和步骤（2），只是步骤（2）中是双击 Simulation：Folder1 文件夹下的文字进入功能模块主界面。如果是在已有的项目中新建模拟文件，如本例中对 Event Analysis 模块中分析评价的田块的灌水过程进行模拟，则可把 Event：Folder1 下的文件 Analysis1 拷贝到 Simulation：Folder1 下。具体操作是用鼠标右键单击 Analysis1，再用左键单击弹出菜单中的 Copy 项，然后用鼠标右键单击文件夹 Simulation：Folder1，再用左键单击弹出菜单中的 Paste Simulation（见附图 16），建好需要模拟的文件 Analysis1。

（二）录入基本参数

双击 Analysis1 便可进入 Simulation 主界面（见附图 17），如果需要模拟的文件在新建项目中而非拷贝过来的，需要从头输入所有参数（依次单击 Simulation World 键、System Geometry 键、Soil Crop Properties 键和 Inflow Management 键），具体录入方法参见上面"二、各功能模块所需基本参数的输入"。本例中所模拟的文件 Analysis1 从 Event：Folder1 中拷贝过来，因此所有基本输入参数也一并拷贝了过来，入渗参数自动采用 Event Analysis 中估算的参数值。单击 Data Summary 键可以查看所有录入的基本参数值，并可以对其进行修改（见附图 18）。

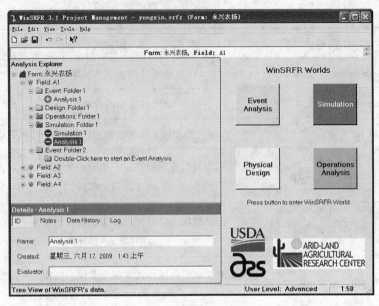

附图 16　拷贝和粘贴文件

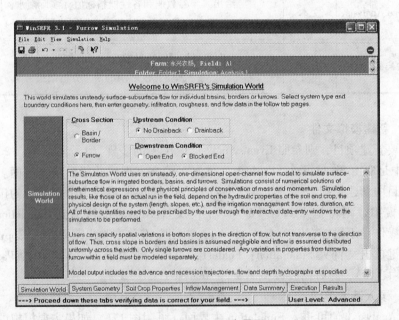

附图 17　Simulation 主界面

（三）模拟运行设置

单击 Execution 键，进入运行设置界面。单击 Standard Criteria 下的 Graphics 键可对输出图形的条件进行设定（见附图 19），即对输出整个灌水过程中哪几个时刻，哪几个位置的水面线或地表水深变化等进行设定。设置完毕后，单击 Run Simulation 便对该田块的灌水过程进行模拟。模拟完毕自动弹出输出结果窗体（见附图 20）。单击该窗体顶部的各键可查看各项输出结果。灌溉模拟模块的各项输出内容及输出形式见附表 2。

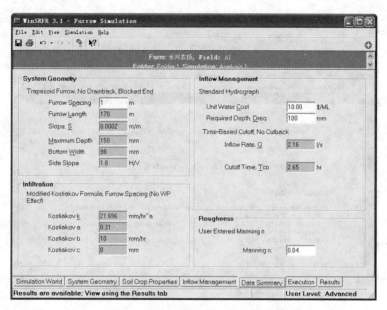

附图18　基本参数查看、修改界面

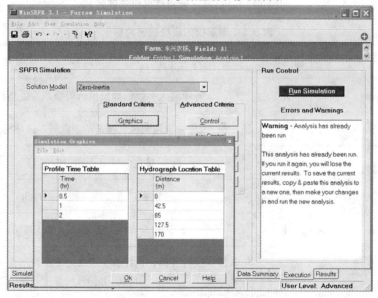

附图19　输出曲线设定界面

通过灌溉模拟模块可得到整个灌水过程中任意时刻的地表、土壤中的水流运动过程，并可对灌水过程进行评价。所有输出结果也可通过右键菜单，以图或数据的形式拷贝出来。

当模拟结果出现问题时，可对灌水过程进行实时查看，见附图21，单击顶部菜单Simulation-View Simulation Animation Window 会自动弹出图右侧的 Water Flow Animation 窗体，通过点击该窗体顶部的第4个有圆形标志的按钮，可以看到水流在田面的推进和向土壤的入渗过程，从而发现模拟过程中存在的问题。

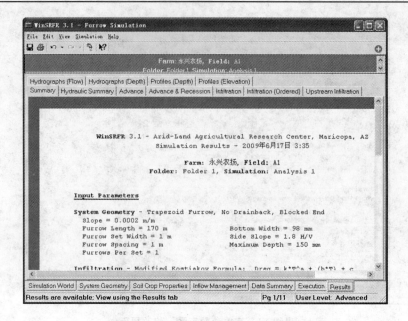

附图 20　Simulation 输出结果显示界面

附表 2　灌溉模拟模块输出内容

输出项名称	输出形式	输出内容
Summary	文本	各项输入参数值和模拟所得灌溉性能指标值
Hydraulic Summary	图	入流—出流曲线、推进消退曲线、入渗分布图
Advance	图	推进曲线（距离—时间）
Advance/Recession	图	推进和消退曲线（距离—时间）
Infiltration	图	入渗分布图（距离—入渗深度）
Infiltration（Ordered）	图	入渗深度统计图，统计入渗深度大于多少的面积所占比例（面积比例—入渗深度）
Upstream Infiltration	图	田块首部的入渗函数曲线（时间—入渗深度）
Hydrographs（Flow）	图	田面不同位置处流量随时间的变化（时间—流量）
Hydrographs（Depth）	图	田面不同位置处地表水深随时间的变化（时间—地表水深）
Profiles（Depth）	图	灌溉过程中不同时刻田面水深分布（距离—水深）
Profiles（Elevation）	图	灌溉过程中不同时刻田面水面线（距离—水面高程）

五、WinSRFR 3.1 在地面灌溉系统设计中的应用

WinSRFR 3.1 中的灌溉系统设计功能模块（Physical Design）主要对田块规格进行优化设计。通常以获得较高的灌溉性能（灌水效率和均匀度）且满足作物灌溉需水量（田块内最低入渗深度不低于作物灌溉需水量）为目标。该模块以等值线图的形式提供优化设计结果，用户可通过查图的方式得到满足自己设计需要的田块规格。

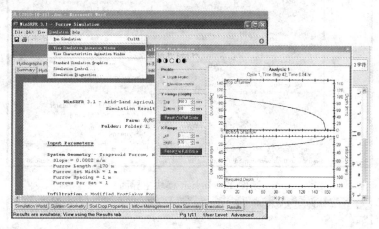

附图 21　灌水过程的动态监测界面

Physical Design 在实际应用中的步骤如下。

（一）新建文件

具体见上面"四、WinSRFR 3.1 在灌溉模拟中的应用"中的"（一）新建模拟文件"。本节也以 Event：Folder1 中分析的田块为例。将 Event：Forder1 下的文件 Analysis1 拷贝到 Design：Folder1 下，操作方法同前。

（二）录入基本参数

双击 Analysis1 便可进入 Design 主界面（见附图 22），如果需要设计的文件在新建项目中而非拷贝过来的，需要从头输入所有参数（依次单击 Design World 键、System Geometry 键、Soil Crop Properties 键和 Inflow Management 键），具体录入方法参见"二、各功能模块所需基本参数的输入"。本例中所模拟的文件 Analysis1 从 Event：Folder1 中拷贝过来，因此所有基本输入参数也一并拷贝了过来，且可随意修改。如附图 22 所示，Design 主界面中需要对设计的参数进行选择。模块给出了两种选择：第一种是给定入流量对田块长与宽进行优化组合；第二种是给定田块宽度对田长与入流量进行优化组合。本例中选择第一种，即给定入流量对田块长与宽进行优化组合，且灌溉控制目标设定为 Minimum（最小入渗深度满足作物灌溉需水量）。设定需优化的参数后，后面要求输入的基本参数栏也会自动调整。单击 System Geometry（见附图 23）可见田块长与宽的输入栏变为不可编辑的，输入栏中显示 TBD。入渗参数与糙率系数是需输入的，本例中文件是拷贝过来的，所以参数也采用 Event Analysis1 中的参数。

单击 Inflow Management（见附图 24），关口时间栏变为不可编辑的，输入栏中显示

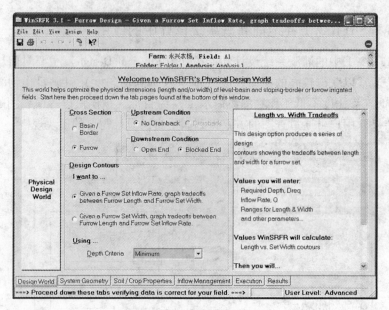

附图 22　Design 模块主界面

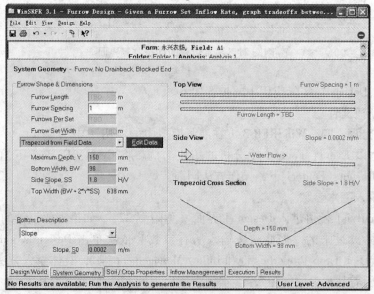

附图 23　田块几何参数录入界面

TBD。对于 Design 模块因为所选的优化参数不一样，要求输入的参数也不一样，当输入栏中显示了 TBD 时表明该参数为该功能模块的输出值，不用输入，对于需要输入的参数，详细的输入方法参见"二、各功能模块所需基本参数的输入"。

（三）运行选择

单击 Execution 键进入 Design 运行设置界面（见附图 25），界面左上 Design Parameters 给出了前面输入的参数值，左下 Contour Definition 要求设定需优化设计的参数范围。如图本例中沟长范围为 $0 \sim 300$ m，沟宽范围为 $0 \sim 1$ m，等值线的网格为 10×10，等值线图的输出选中了 Standard Contours 和 Show Minor Contours。单击 Add Contour Overlay 弹

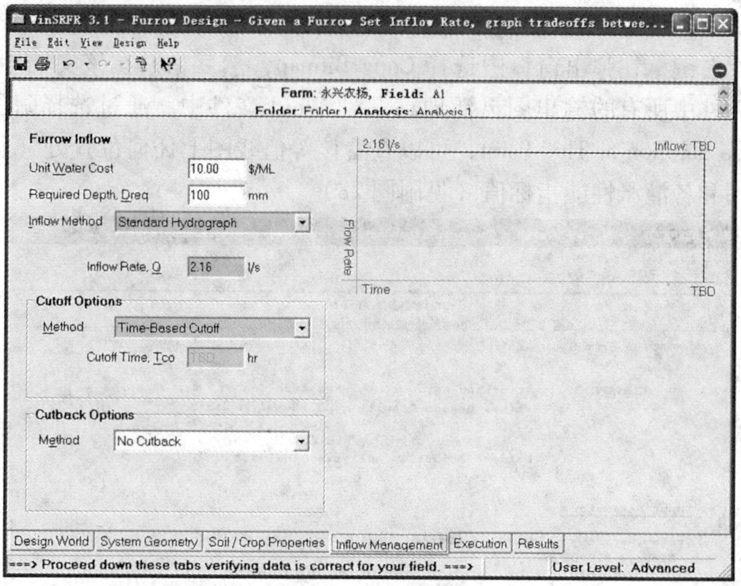

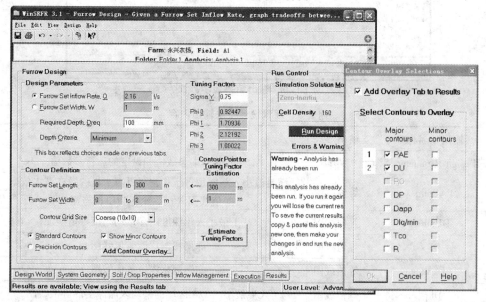

附图24　入流录入界面

附图25　运行设置界面

出最右端的窗体（Contour Overlay Selections），选择在一个图中需同时显示的等值线项，本例选择了同时显示潜在灌水效率（PAE）和灌水均匀度（DU）。图中间部分的两个绿色输入栏要求输入校核点的位置，然后单击 Estimate Tuning Factors 软件会自动估算校核参数（Tuning Factors）。通常情况下校核点的位置选择在田长范围的上限和田宽或流量范围的中间值处，本例选择（300，1）。设置完毕，单击 Run Design，软件进行模拟设计，运行完后自动弹出输出结果窗体（见附图26）。各项输出内容的具体说明见附表3，单击附图26顶部的各键可查看各项输出结果的详细内容，通过右键菜单可以拷贝或导出各结果图。本例中单击 PAEmin，弹出潜在灌水效率的等值线图（见附图 27），在该图上单击鼠标右键，在弹出窗口中选择 Copy Bitmap，然后粘贴在该文档中，按照该方法可以将该软件中所有的输出图灵活地粘贴到 Word 文件中。通过选择附图 27 中弹出菜单的 Choose Solution at This Point，可以查看该等值线图上任何位置处（长与宽组合）的入渗分布图和各灌溉性能指标值（见附图 28）。

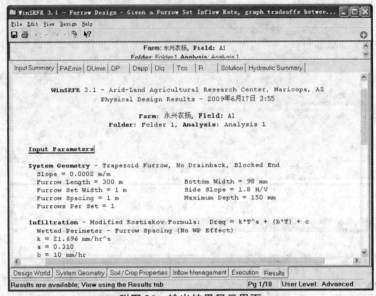

附图 26　输出结果显示界面

附表 3　灌溉设计模块输出内容

输出项名称	输出形式	输出内容
Design Parameters	文本	输入的基本参数值和设定的运行参数值
PAEmin	等值线图	满足最小入渗深度等于作物灌溉需水量的潜在灌水效率等值线图（横纵坐标为田长与宽）
DUmin	等值线图	基于最小入渗深度的灌水均匀度等值线图
DP	等值线图	深层渗漏深度等值线图
Dapp	等值线图	实际灌水深度等值线图
Dlq	等值线图	入渗最小的 1/4 区域的平均入渗深度的等值线图
Tco	等值线图	关口时间等值线图
R	等值线图	关口成数等值线图（关口成数指关口时间与水流推进到田块尾部所需时间之间的比值）
Overlay	等值线图	已选定的多个性能指标的重叠等值线图
Solution	图与文本	在优化范围内选定的特定点的灌溉条件对应的性能指标值，若不专门选定则该点为校核点
Hydraulic Summary	图	根据特定点的灌溉条件模拟所得的入流—出流曲线、推进消退曲线、入渗分布图

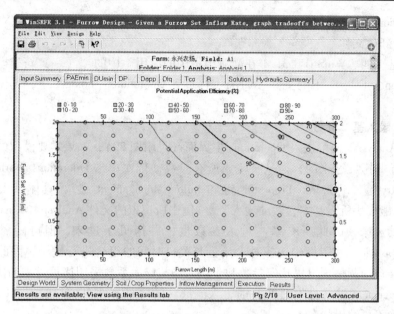

附图 27　潜在灌水效率的等值线图

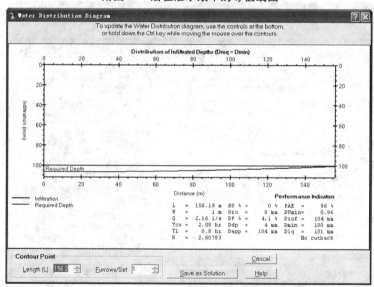

附图 28　选定点的优化组合及其性能指标值

借助 Design 给出的各等值线图，用户可以很方便选择设计参数的优化组合区域。

六、WinSRFR 3.1 在灌溉运行管理中的应用

WinSRFR 3.1 中的灌溉运行管理功能模块（Operations Analysis）主要对灌溉时的入流量和关口时间进行优化设计，这两个参数属于运行管理参数。该模块在优化参数时的原则与设计模块一样，以获得较高的灌溉性能（灌水效率和灌水均匀度）且满足作物灌溉需水量（田块内最低入渗深度不低于作物灌溉需水量）为目标，以等值线图的形式提供优化设计结果，用户可通过查图的方式得到入流量与关口时间的最佳组合。

Operations Analysis 在实际应用中的步骤如下。

（一）新建文件

具体见"四、WinSRFR 3．1 在灌溉模拟中的应用"中的"（一）新建模拟文件"，只是将 Event：Folder1 下的文件 Analysis1 拷贝到 Operations：Folder1 下，具体操作方法同前。

（二）录入基本参数

双击 Analysis1 便可进入 Operations 主界面（见附图 29），如果需要模拟的文件在新建项目中而非拷贝过来的，需从头输入所有参数（依次单击 Operations World 键、System Geometry 键、Soil Crop Properties 键和 Inflow Management 键），具体录入方法参见"二、各功能模块所需基本参数的输入"。本例中所模拟的文件 Analysis1 从 Event：Folder1e 中拷贝过来，因此所有基本输入参数也一并拷贝了过来，但可随意修改。如附图 29，Operations 主界面中选择对入流量与关口时间的组合进行优选，因此需输入的参数项也会自动调整。田块几何参数和土壤入渗与糙率系数采用拷贝过来的值，而单击 Inflow Management 键（见附图 30）时，入流量（Inflow Rate）和关口时间（Cutoff Time）的输入栏为不可编辑状态。

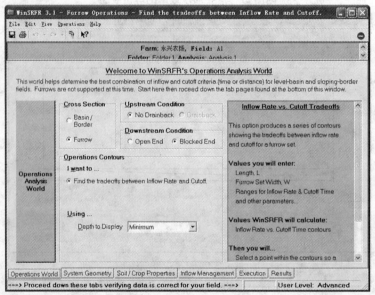

附图 29　Operation 主界面

（三）运行选择

单击 Execution 键进入 Operations 运行设置界面（见附图 31），界面左上 Operations Parameters 给出了前面输入的参数值，左下 Contour Description 要求设定需优化设计的参数范围。如图本例中入流量的范围为 0～4.32 L/s，关口时间的范围为 0～5.3 h，等值线的网格为 10×10，等值线图的输出选中了 Standard Contours 和 Show Minor Contours。单击 Add Contour Overlay 弹出最右端的窗体（Contour Overlay Selections），选择在一个图中需同时显示的等值线项，本例选择了同时显示灌水效率（PAE）和灌水均匀度（DU）。图中间部分的两个绿色输入栏要求输入校核点的位置，然后单击 Estimate Tun-

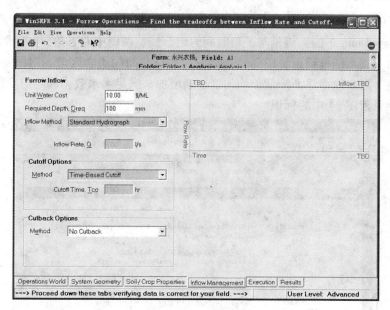

附图30　入流录入界面

ing Factors 软件会自动估算校核参数（Tuning Factors）。通常情况下，校核点的位置选择入流量和关口时间的中间值处，本例选择（2.16，2.65）。设置完毕单击 Run Operations Analysis，软件进行模拟设计，运行完后自动弹出输出结果窗体（见附图32）。各项输出内容的具体说明见附表4，单击附图32顶部的各键可查看各项输出结果的详细内容。通过右键菜单可以拷贝或导出各结果图，具体方法见"五、WinSRFR 3.1 在地面灌溉系统设计中的应用"中的"（三）运行选择"中关于输出结果的导出等。

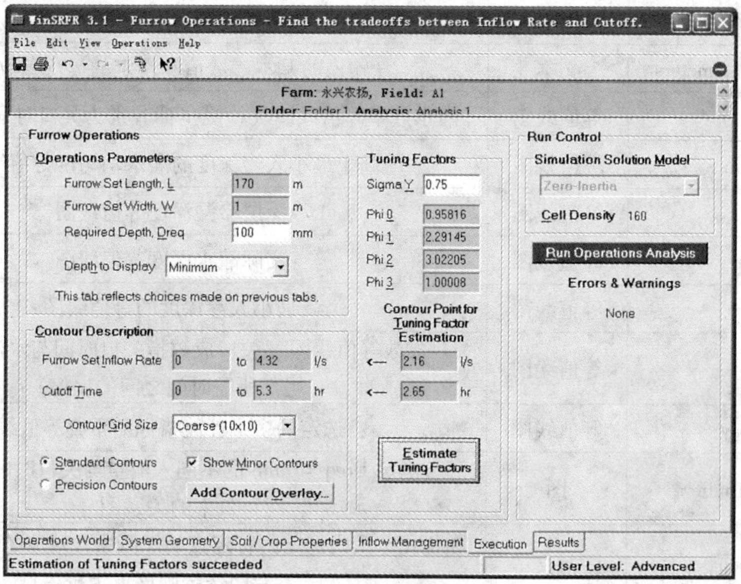

附图31　运行设置界面

通过运行管理模块输出的性能指标的等值线图，可以确定满足最佳性能指标的入流量与关口时间的最优组合。比如单击附图32顶部的 AE 按钮得灌水效率等值线图（见附图33），单击 Overlay 得灌水效率与灌水均匀度的重叠图（见附图34）。两图中虚线为满足 Dreq = Dmin 下的入流量与关口时间的组合线。两图中左下角，如附图33中的非阴影区域为水流不能推到田块尾部的入流量与关口时间的组合区域。附图34表明，从左下到右上，灌水效率逐渐降低，均匀度逐渐增加，满足灌水效率和均匀度都较高的最佳组合区域见附图34中的标识。

附图32　输出结果显示界面

附表4　灌溉运行管理模块输出内容

输出项名称	输出形式	输出内容
Operations Parameters	文本	输入的基本参数值和设定的运行参数值
AE	等值线图	灌水效率等值线图（横纵坐标分别为关口时间与入流量）
DUmin	等值线图	基于最小入渗深度的灌水均匀度等值线图
DP	等值线图	深层渗漏深度等值线图
Dapp	等值线图	实际灌水深度等值线图
Dmin	等值线图	最小入渗深度的等值线图
R	等值线图	关口成数等值线图（关口成数指关口时间与水流推进到田块尾部所需时间之间的比值）
Overlay	等值线图	已选定的多个性能指标的重叠等值线图
Dreq = Dmin	图	满足 Dreq = Dmin 的不同入流量与关口时间和灌水效率的关系图
Solution	图与文本	在优化范围内选定的特定点的灌溉条件对应的性能指标值，若不专门选定则该点为校核点
Hydraulic Summary	图	根据特定点的灌溉条件模拟所得的入流—出流曲线、推进消退曲线、入渗分布图

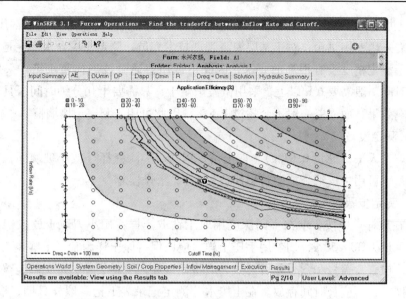

附图33　灌水效率等值线图

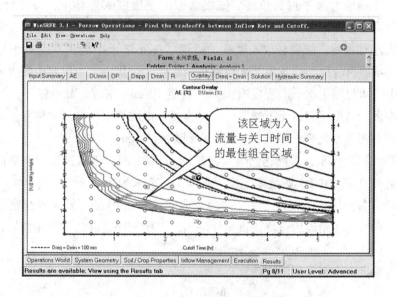

附图34　灌水效率与均匀度的重叠图

附录 B　土壤水分及旱作物需水量测定

一、土壤含水率测定

土壤含水率也称土壤湿度，一般用土壤中所占水分的重量占干土重的百分数来表示，田间土壤含水率的测定对于指导灌溉具有重要作用。测定土壤含水率常用烘干法。在实验室需采用专用烘箱，对于基层灌溉管理技术人员，测定土壤含水率主是掌握土壤墒情，对于测定精度没有很高的要求，因此可以用普通微波炉代替烘箱。采用专用烘箱，烘干时间一般需要 6 h 以上，采用微波炉烘干，只需要十几分钟时间，具有明显的省时、节电效果，而误差一般不会超过 1.5%，因此可用于测定土壤墒情。

（一）测定设备

微波炉、天平（感量 0.01 g）、取土钻、铝盒、小陶瓷杯（或小玻璃杯，若土样含水率较低，也可用牛皮纸袋或塑料袋代替瓷杯）、干燥器等。

（二）测定步骤

（1）在取样点应按要求在不同深度用取土钻取土样，用小刀取土放入铝盒，每个土样的土重量为 30 ~ 50 g，切勿用手压土样，应以保持原土样为宜。土壤装入铝盒后应盖紧盒盖，检查盒盖号和盒号是否一致，应将铝盒放入塑料袋中，避免阳光曝晒并及时送入室内称重，不应长时间存放。在土壤水分测定记录表上记录取样日期、取样地点、取样深度和铝盒号。注意瓷杯标号与铝盒号一致。

（2）称重前应对天平进行校准。把铝盒中的土壤倒入瓷杯中，每杯装土约 30 g，在天平上称重并记入记录簿。

（3）湿土称重后，把瓷杯放入微波炉烘烤。杯底垫干净纸张，以防止杯内土壤洒出，当有土壤洒出时应小心收集起来放回杯内。微波炉烘土火力设定中高火或中火较为合适。烘干时间与原土壤干湿程度有关。一般烘 10 min 左右，取出瓷杯，放入干燥器中冷却后称重。当土样多或无干燥器时，可直接在微波炉中冷却后再称重。

（4）把称过重量的瓷杯放入微波炉，继续烘烤 5 min。

（5）取出再次称重，若已达到恒重（精确到 0.01 g），即取这次的称重值作为最后结果，如重量差 >0.01 g，则继续干燥，直到满足要求为止。

（6）计算各土样的土壤含水率，并检查含水率有无明显差异，若有错误，应立即进行核对，在确定无错误后可将该批土样倒出，并擦干净瓷杯，按顺序放好，以备下次使用。

土壤的重量含水率采用下式计算

$$\theta_重 = \frac{W_1 - W_2}{W_2 - W_0} \times 100\%　　　　　　　　附(1)$$

式中　$\theta_重$——土壤重量含水率；

　　W_1——湿土 + 瓷杯重，g；

　　W_2——干土 + 瓷杯重，g；

　　W_0——瓷杯重，g。

最后将计算结果填入计算表（见附表 5）。

附表 5　土壤含水率观测记录与计算表

取土地点 (1)	取土深度 (2)	杯号 (3)	杯重(g) (4)	杯+湿土重 (g) (5)	杯+干土重 (g) (6)	干土重(g) (7) = (6) − (4)	水分含量(g) (8) = (6) − (5)	重量含水率 (9) = (8)/(7)

试验者：　　　计算者：　　　校核者：　　　　　　　　时间：　　年　　月　　日

二、田间持水率测定

田间持水率是在地下水位较低（悬着毛管水不与地下水相连接）的情况下，土壤所能保持的悬着毛管水的最大量，是土壤有效水的上限。田间持水率是衡量土壤保水性能的重要指标，也是指导农田灌溉的重要参数。田间持水率的测定多采用田间小区灌水法，当土壤排除重力水后，测定的土壤含水率即为田间持水率。

（一）测定设备

烘干称重法测定土壤含水率所需的全套设备、铁锹、米尺、水桶、塑料布、干草等。

（二）测定步骤

（1）测定场地的准备：在所测定的地段上量取面积为 4 m² （2 m×2 m）的平坦场地，拔掉杂草，稍加平整，周围做一道较结实的土埂，以便灌水。

（2）灌水前土壤含水率的测定：在离准备好的场地 1～1.5 m 处，根据当地应测定田间持水率的深度，取 2 个重复的土样测定土壤含水率，并求出平均值。

（3）灌水与覆盖：小区灌水量一般按下式求算

$$W = 1.5AH\gamma(\theta_{f估} - \theta_0) \qquad\qquad 附(2)$$

式中　W——灌水量，m³；

　　　$\theta_{f估}$——所测深度土层中的田间持水率估计值（占干土重百分比），一般砂土取
　　　　　　20%，壤土取 25%，黏土取 27%；

　　　θ_0——灌水前土壤含水率（占干土重百分比）；

　　　γ——所测深度的平均土壤容重，g/cm³，一般取 1.5 g/cm³；

　　　A——灌水小区面积，m²；

　　　H——所要测定的深度，m；

1.5——保证小区需水量的保证系数。

干旱地区可适当增加灌水量。所有的水应在一天内分次灌完，为避免水流冲刷表土可先在小区内铺放一薄层干草再灌水。当水分全部下渗后，再覆盖 50 cm 厚草层，在草层上覆盖塑料薄膜，以防止蒸发和降水落到小区内。

（4）测定土壤含水率。灌水后当重力水下渗后，开始测定土壤湿度。第一次测定土壤含水率的时间，根据不同土壤性质而定，一般砂性土灌后 1～2 d，壤性土 2～3 d，黏性土 3～4 d 以后。每天取一次，每次打 3 个孔作重复。在测定深度内，取土从上至下，每 20 cm 取一土样，取完填实钻孔。取样地点不应靠近小区边缘（宜在中心 1 m × 1 m 范围内）。

（5）确定田间持水率。每次测定土壤含水率后，逐层计算同一层次前后两天测定的土壤含水率差值，若各层前后两天的含水率差稳定在 1.0%～1.5%，则该次测定的各孔各层的土壤含水率平均值即为土壤的田间持水率。

三、凋萎系数的测定

生长正常的植株仅由于土壤水分不足，致使植株失去膨压，开始永久凋萎时的土壤含水率即为凋萎系数。凋萎系数是土壤有效水分的下限，土壤含水率降至凋萎系数时，必须进行灌溉。测定凋萎系数可采用栽培法。

（一）测定设备

烘干称重法测定土壤含水率所需的全套设备、土壤筛（孔径 2 mm）、烧杯（直径 4～5 cm，高 6～7 cm、容积约 70 cm^3）、木箱（内装湿锯末，使箱内水汽饱和）、培养皿或瓷盆（用于指示作物的先期发芽）、作物的种子（一般用大麦种）、石蜡和蜡纸。

（二）测定步骤

（1）装土。将待测土样压碎并风干，然后通过 2 mm 孔径土壤筛过筛。土样装满烧杯，装土的同时在杯中插入直径 0.5 cm 的玻管，以便浇水时排出空气。

（2）浇水或浇液。用塞有棉花的漏斗滴水入杯中，洒水量为干土质量的 30%～40%，使水均匀浸湿土样。若土壤肥力较差，可洒入营养液，其配制方法为：称取 $NH_4H_2PO_4$ 2.8 g、KNO_3 3.5 g 和 NH_4NO_3 5.4 g 溶于 1 L 水中。

（3）浸种。在播种前 2～3 d 把准备好的种子放在培养皿或瓷盆中浸水发芽。

（4）种植。在烧杯内湿润的土壤表面下 2 cm 处种入 5～6 粒已发芽的种子（出苗后保留 3 株）。盖土后称量记载，每一烧杯口用厚纸遮盖，以免水分蒸发。

（5）培育。将烧杯放于无阳光直射的光线充足处，保持在室温 20 ℃左右。待幼苗生长与杯口齐平时，以蜡纸封住杯口，在每一株幼苗上方打一孔，让幼苗由此孔长出。纸与杯壁结合处封以石蜡，排气玻璃管可用棉花塞住。

（6）观察与管理。每日早、中、晚记载室温和生长情况，每隔 5～6 d 称量一次。如杯内水分蒸发过多，可进行第二次灌水。当第二片子叶比第一片子叶长得较长时，证明幼根已分布于杯内整个土体，此时可最后灌一次水，并用棉花塞住玻管，一直放到第一次凋萎（子叶下垂）。将烧杯移入保持高湿度的木箱内（箱底放湿锯末、青苔或水），经一昼夜后观察，如植株凋萎现象消失，就把烧杯重新放回原处，待凋萎现象再次出现后，再将烧杯置于木箱内。如此重复试验，直至植物不再复苏，即达永久凋萎。

（7）取样测定。去除石蜡封面、植株及土壤表面 2 cm 厚的土层，混合余土装入铝盒，用烘干法测定含水率，即为凋萎含水率。

四、非饱和土壤入渗特性参数测定

旱地在进行地面灌溉时，灌溉水在重力的作用下自地表逐渐向下湿润，为保证最有效地利用灌溉水，既要使计划湿润层得到均匀灌溉，又不产生多余的水量向深层渗漏，必须了解水向土中入渗的规律。下面介绍《地面灌溉系统的设计和评价指南》（联合国粮农组织灌溉和排水文集）推荐的圆环测渗计法，测定考斯加可夫入渗公式中各项入渗特性参数。

（一）试验设备

圆环测渗计（无底金属圆环，直径 30 cm 或 30 cm 以上，高 30 cm，一端有锐缘，见附图 35）、边长略大于圆环直径的木板、秒表（或普通时钟）、水桶、量筒 1 ~ 2 个、铁铲及水尺等。

为了计算方便，使圆环面积为整数，可取内径为 35.68 cm，其面积为 1 000 cm²。

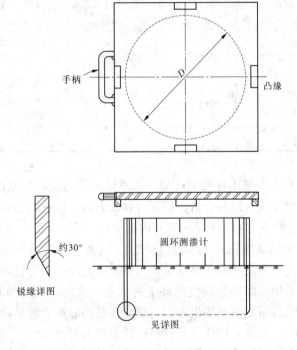

附图 35　圆环测渗计

（二）试验步骤

（1）选择测渗地点。仔细检查测试地点，应无地表扰动、动物通道、可能损坏圆环的石块等。同时，观测的圆环应在 40 m 距离范围内，以便同时进行。

（2）将金属圆环放置到测定位置上，有锐缘一端向下，用力压入土壤。再把木板放在圆环上，用大锤夯击木板，使圆环进入土中 15 cm 深。要不时地检查木板，使它保持水平。

（3）测量土壤之上圆环容积（直径、深度等），在内壁上安装一个刻度至毫米的水尺，用以观测环内水位的变化。

（4）确定地表水层深度（一般与日常灌水量相近，为6~10 cm），计算出相应的水量。向圆环内迅速倒入这部分水量。当水面稳定后，记录水尺最初读数。测试开始至第1次读数之间入渗的水量 Z_1 可按下式估算

$$Z_1 = \frac{加到圆环中的水的体积}{圆环的横截面面积} \hspace{3cm} 附（3）$$

（5）定时进行观测记录。测试初始阶段，1~5 min 观测一次，观测4~5次后，可延长至10~30 min 一次。实际观测频率应根据入渗速度进行调整。应坚持连续测定，直到1~2 h 后入渗率恒定为止。当水面降至一半时，就加水使其水面大致恢复到初始水平。加水时应注意记录注水前后的水面位置。观测数据填入附表6。

附表6　土壤入渗特性测定记录表

1号圆环测渗计				2号圆环测渗计				3号圆环测渗计			
时间		入渗量		时间		入渗量		时间		入渗量	
时分	累计时间（min）	水尺（mm）	累计入渗量（mm）	时分	累计时间（min）	水尺（mm）	累计入渗量（mm）	时分	累计时间（min）	水尺（mm）	累计入渗量（mm）

（6）将数据绘制在对数坐标纸上（累计入渗量 Z 作为纵轴，累计时间 t 作为横轴）来分析测试数据。通过线性回归分析，得到一直线方程。该直线的斜率即为土壤的入渗指数 a，纵轴上的截距即为第一个单位时间内的平均入渗率 k。

（7）如果测试时间足够长（一般也应如此），可进一步测得稳定入渗率 f_0。达到稳定入渗后，相邻两次观测之间的入渗水量与间隔时间之比，即为稳定入渗率。

一般认为，应采用双圆环，以使内环中的水垂直入渗，但对单环和双环的大量比较，认为单环入渗不会引起明显的误差，特别是在基层灌溉管理单位进行日常性的土壤入渗特性参数测定时，适宜采用更为简便易行的单环入渗计法。

当一个圆环测定的入渗速度特别高时，有可能是圆环安装在土壤中裂隙或动物通道上。在测试结束时，应检验这些情况发生的可能性。

五、旱作物需水量测定

测定作物需水量的方法有坑测法、田测法和筒测法。坑测法需要修建专门的测坑，所需投资费用较高，一般适用于专业的灌溉试验站所。田测法是直接根据土壤含水率的

变化测算作物需水量，这种方法易于实施，但仅适用于地下水埋深较大的地区。筒测法试验设备简单，操作简易，也具有比较高的观测精度。下面主要介绍筒测法的观测方法。

（一）试验设备

（1）测筒：形状可为圆形、方形和长方形，用镀锌铁皮或硬质塑料制成，由一个外筒和一个内筒组合而成，内筒稍小于外筒，以能自由取放为度，外筒比内筒低 5 cm，有提环和铁架，内外筒之间上端用橡皮圈封闭两筒间孔隙。

内筒面积按田间作物种植密度和栽种株数计算，筒深按作物根系集中生长部分的深度决定，一般深 100 cm，底部装 20 cm 厚滤层（砂、粗砂、碎石），滤层之上装土深度为 70 cm。常见测筒形状与结构如附图 36 所示。

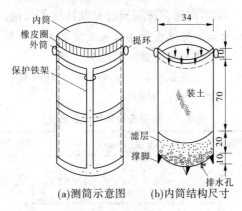

（a）测筒示意图　（b）内筒结构尺寸

附图 36　旱作物圆形测筒　（单位：cm）

（2）遮雨棚架：棚架高度要根据作物株高决定，还要以棚檐高出作物 50 cm 左右为度，小麦、棉花的棚架不低于 1.5 m，玉米等高秆作物的棚架不低于 3 m。棚的面积以四周伸出测筒布置区 80～100 cm 为度，一棚仅可遮一坑。棚面镶有玻璃或塑料薄膜，其坡度可为 30°左右，棚架须有附属设备，包括防雨吊窗、铁钩以及移动棚架用的小铁轨、枕木等。

（3）修筑测筒放置坑用的材料，测定土壤水分的全套用具。

（4）称重用的测验秤。

（二）操作方法

（1）测筒布置：筒内作物所处环境尽量和田间一致，以减少筒内作物和田间作物因受到不同外界环境影响而发生的差异，在需水量试验区内，选择适当地点，用砖修建测筒放置坑，坑的布置可按集中或一列式排列，各坑的间距以不影响操作为宜。

（2）装土：第一种方法是装原状土，第二种方法是按自然层次分层取土装入测筒内。因分层装土，土壤受到扰动，可提前一个月进行，装后浇水，使筒内土壤趋于密实，接近田间状态。

（3）田间管理：测筒分两组，一组（甲筒）种作物（测总需水量），另一组（乙筒）不种作物（测株间蒸发量），不种作物筒栽植假株，农业技术措施和种作物筒相同。遇到降雨，应在雨前及时利用雨棚遮盖。若无遮雨棚架，应设雨量计及测筒排水计量装置，以便确定因降雨而增加的土壤含水率。由于降水量和排水量观测存在误差，因此会影响需水量的测定结果。因此，为了消除降雨的影响，一般宜避开降雨日进行观测。

（三）观测记载

（1）在测筒装土地点附近测定土壤容重、孔隙率及田间持水率，以便计算测筒土壤含水量，作为灌水的依据。

（2）自播种之日起，每隔 1~5 d 称测筒重量一次，每次称重所减少的重量即作为前次称重至本次称重期间的需水量，筒内的加水应按设计处理进行。

（3）进行生育期的物候观测和小气候观测。

（四）整理计算

根据观测结果，计算作物需水量、株间蒸发量及植株蒸腾量：

$$作物需水量 = 植株蒸腾量 + 株间蒸发量 = 甲筒耗水量$$

$$株间蒸发量 = 乙筒耗水量$$

$$植株蒸腾量 = 甲筒耗水量 - 乙筒耗水量$$

最后以 mm 为单位，将计算结果填入附表7。

附表 7　筒测法需水量计算表

月	日	生育阶段	作物需水量（mm）				株间蒸发量（mm）				植株蒸腾量（mm）				备注
			$甲_1$	$甲_2$	$甲_3$	平均	$乙_1$	$乙_2$	$乙_3$	平均	$甲_1-乙_1$	$甲_2-乙_2$	$甲_3-乙_3$	平均	

参 考 文 献

[1] 贾大林，李英能. 我国节水灌溉农业发展的若干问题［C］∥中国可持续发展研究会：1999 年学术年会论文集，1999.

[2] 李益农，杨继富. 改进地面灌溉新技术应用研究［J］. 节水灌溉，2002（2）：47.

[3] 林性粹，赵乐诗，汪志荣，等. 旱作物地面灌溉节水技术［M］，北京：中国水利水电出版社，1999.

[4] 张新燕，蔡焕杰. 地面灌溉理论研究进展［J］. 中国农村水利水电，2005（8）：6-9.

[5] 史学斌，马孝义，聂卫波，等. 地面灌溉的研究现状与发展趋势［J］. 水资源与水工程学报，2005（1）：34-40.

[6] 康绍忠. 农业水土工程概论［M］. 北京：中国农业出版社，2007.

[7] W R 沃克. 地面灌溉系统的设计和评价指南［M］. 刘荣乐，译. 北京：中国农业出版社，1992.

[8] 李宗尧，缴锡云，赵建东，等. 节水灌溉技术［M］. 北京：中国水利水电出版社，2010.

[9] 节水高效灌溉制度应用调研课题组. 节水高效灌溉制度汇编［R］. 北京：中国灌溉排水发展中心，2008.

[10] 康绍忠，蔡焕杰. 作物根系分区交替灌溉和调亏灌溉的理论与实践［M］. 北京：中国农业出版社，2002.

[11] 李益农，杨继富，刘长安，等. 闸管灌溉技术及其田间工程系统设计［J］. 节水灌溉，2003（1）：8-11.

[12] 蔡守华. 土地平整设计计算新方法［J］. 灌溉排水，1994（4）：42-43.

[13] 迟道才，费良军，蔡守华，等. 节水灌溉理论与技术［M］. 北京：中国水利水电出版社，2009.

[14] 彭立新，周和平，张荣，等. 地面节水灌溉新技术——波涌灌综述［J］. 节水灌溉，2006（6）：13-14.

[15] 许迪，李益农，程先军，等. 田间节水灌溉新技术研究与应用［M］. 北京：中国农业出版社，2002.

[16] 费良军. 波涌畦灌技术要素设计方法研究［J］. 西安理工大学学报，1996（3）：257-262.

[17] 费良军，王云涛，杨宏德，等. 涌流灌溉灌水技术试验研究［J］. 农田水利与小水电，1993（10）：20-23.

[18] 邵正荣，吴矿山，薛华，等. 北方现代农业灌溉工程技术［M］. 郑州：黄河水利出版社，2008.

[19] 郭元裕. 农田水利学［M］. 3 版. 北京：中国水利水电出版社，2007.

[20] 汪志农，李援农，马孝义，等. 灌溉排水工程学［M］. 2 版. 北京：中国农业出版社，2010.

[21] 王锡赞，卢心球，王怀章. 农田水利学［M］. 北京：水利电力出版社，1992.

[22] 李文斌，樊贵盛，李雪转. 地面灌溉优化灌水技术研究及实用手册［M］. 北京：中国水利水电出版社，2007.

[23] 蔡守华. 农业节水灌溉技术［M］. 南京：河海大学出版社，2011.

[24] 水利部国际合作司，水利部农村水利司，中国灌排技术开发公司，等. 美国国家灌溉工程手册［M］. 北京：中国水利水电出版社，1998.

[25] 国家质量技术监督局，中华人民共和国建设部. GB 50288—99 灌溉与排水工程设计规范［S］.

北京：中国计划出版社，1999.

［26］崔增团，孙大鹏. 甘肃节水农业技术实践［M］. 兰州：甘肃科学技术出版社，2007.

［27］费良军，王文焰. 由波涌畦灌灌水资料推求土壤入渗参数和减渗率系数［J］. 水利学报，1999
　　　（8）：26-29.

［28］费良军. 波涌畦灌适应性研究及灌溉效益分析［J］. 西北水资源与水工程，1996（4）：11-15.

［29］刘群昌，许迪，李益农，等. 应用水量平衡法确定波涌灌溉下土壤入渗参数［J］. 灌溉排水，
　　　2001（1）：8-12.

［30］中华人民共和国水利部. SL 558—2011 地面灌溉工程技术管理规程［S］. 北京：中国水利水电
　　　出版社，2011.

［31］王智. 土壤入渗特性应用参数的计算［J］. 农田水利与小水电，1989（1）：30-33.

［32］杨祁峰. 农作物地膜覆盖栽培技术［M］. 兰州：甘肃人民出版社，2005.

［33］代景兴，任景霞. 测墒预报报导作物灌水［J］. 灌溉排水，1989（2）：58-60.

［34］张庆华，姜文贷. 农民用水协会建设与管理［M］. 北京：中国农业科学出版社，2007.

［35］萨格尔多依. 灌溉工程的组织运行和维护［M］. 北京：中国农业科技出版社，1988.

［36］Wynn R Walker, Gaylord V Skogerboe. Surface Irrigation Theory and Practice［M］. Prentice-hall, Inc.
　　　Englewood Cliffs, New Jersey, 1987.

［37］Melvyn Kay. Surface Irrigation Systems and Practice［M］. Canfield Press, England UK, 1986.

［38］Y P Pao, S R Bhakar. Irrigation Technology Theory and Practice［M］. Agrotech Publishing Academy,
　　　Udaipur, 2008.

［39］A J Clemmens. Simple Approach to Surface Irrigation Design: Theory［J］. E-Journal of Land and Wa-
　　　ter, 2007, 1-19.

［40］Glenn J Hoffman, Robert G Evans, Marvin E Jensen, etc.. Design and Operation of Farm Irrigation
　　　Systems［M］. 2nd edition. American Society of Agricultural and Biological Engineers, St. Joseph,
　　　Michigan, 2007.

［41］Arid-Land Agricultural Research Center. WinSRFR 3. 1 User Manual［R］. Maricopa, USDA, ARS,
　　　2009.